U0325877

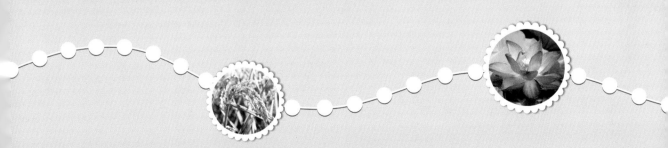

我的趣味问答书 孩子爱问的

十万个为什么

汪 娟/主编

美丽的
自然

APTIME
时代出版
时代出版传媒股份有限公司
安徽少年儿童出版社

图书在版编目(CIP)数据

美丽的自然 / 汪娟主编. 一合肥:安徽少年儿童出版社,2016.9(2017.4 重印)

(我的趣味问答书·孩子爱问的十万个为什么)

ISBN 978-7-5397-8975-0

I.①美… II.①汪… III.①自然科学—儿童读物 IV.①N49

中国版本图书馆 CIP 数据核字(2016)第 113537 号

WO DE QUWEI WENDA SHU

我的趣味问答书

HAIZI AI WEN DE SHIWAN GE WEISHENME   MEILI DE ZIRAN

孩子爱问的十万个为什么·美丽的自然   汪 娟/主编

出 版 人:张克文   责任编辑:呆 香 欧阳春 丁 竹   特约校对:万 柳

责任印制:田 航   图书制作:添美图书

出版发行:时代出版传媒股份有限公司 http://www.press-mart.com

安徽少年儿童出版社 E-mail:ahse1984@163.com

新浪官方微博:http://weibo.com/ahsecbs

腾讯官方微博:http://t.qq.com/anhuishaonianer(QQ:2202426653)

(安徽省合肥市翡翠路 1118 号出版传媒广场 邮政编码:230071)

市场营销部电话:(0551)63533532(办公室) 63533524(传真)

(如发现印装质量问题,影响阅读,请与本社市场营销部联系调换)

印 制:湖北楚天传媒印务有限责任公司

开 本:889mm×1194mm   1/24   印张:7.5

版 次:2016 年 9 月第 1 版   2017 年 4 月第 3 次印刷

ISBN 978-7-5397-8975-0   定价:20.00 元

本书部分图片由北京千目图片有限公司提供。

本书中参考使用的少量图文,由于权源不详,编者未能和著作权人一一取得联系,我们恳请著作权人对此能予以谅解,并请与本书编者联系,办理相关合同、领取稿酬和寄送样书等事宜。

编者的话

BIANZHE DE HUA

我们每个人都有过充满好奇和幻想的童年，我们小时候都爱问"为什么"：树为什么长叶子？玉米为什么会有"胡须"？竹子的茎为什么是空心的？晴朗时，天空为什么是蓝色的？……

我们曾经也是孩子，也有过纯真快乐的童年，带着这份真挚的情感，我们编写了这套《我的趣味问答书·孩子爱问的十万个为什么》。本书通过简洁明了的文字和丰富多彩的图片，把科学知识描绘得准确、浅显、生动和有趣。

当小朋友翻开这套书时，开往科学王国的列车就启动了，它将带你去畅游一个个奇妙的未知世界。只要你勤学好问，对知识充满渴望，就一定能在旅途中找到你想要的答案。

希望这本书能为每一个爱动脑筋的小朋友打开一扇智慧的窗户，带领小朋友去创造更加美好的明天！

目录

清香花草

目 录

蔚蓝天空

多变气象

我国把每年的 3 月 12 日定为植树节。

为什么小树需要常常浇水？

yuàn zi li de xiǎo shù zhǎng de zhēn kě ài gēn wǒ zhǎng de yī yàng gāo mā ma
"院子里的小树长得真可爱，跟我长得一样高，妈妈

shuō wǒ yīng gāi chángcháng gěi xiǎo shù jiāo shuǐ xiǎo
说我应该常常给小树浇水。"小

měi xiǎng zhe jiù pǎo huí jiā ná sǎ shuǐ hú zhǔn bèi
美想着，就跑回家拿洒水壶准备

gěi xiǎo shù jiāo shuǐ le nǐ zhī dào wèi shén me xiǎo
给小树浇水了。你知道为什么小

shù xū yào chángcháng jiāo shuǐ ma
树需要常常浇水吗？

yuán lái xīn zāi de xiǎo shù miáo tā de
原来，新栽的小树苗，它的

gēn fēi cháng xì xiǎo　zài tǔ li zhā de yě bù shēn　zhè shí　tā jǐn jǐn néng xī shōu
根非常细小，在土里扎得也不深。这时，它仅仅能吸收

tǔ rǎng biǎo céng de shuǐ fèn　rú guǒ bù chángcháng gěi xiǎo shù jiāo shuǐ　xiǎo shù jiù huì yīn
土壤表层的水分。如果不常常给小树浇水，小树就会因

wèi xī shōu bù dào shēngzhǎng suǒ xū yào de shuǐ
为吸收不到生长所需要的水

fèn　ér dǎo zhì kū sǐ
分，而导致枯死。

zhǐ yǒu děng xiǎo shù zhǎng dà yī xiē　gēn
只有等小树长大一些，根

yě biàn de cū zhuàng xiē　néng zì jǐ xī shōu
也变得粗壮些，能自己吸收

tǔ rǎng nèi bù de shuǐ fèn de shí hou　cái bù
土壤内部的水分的时候，才不

bì cháng gěi tā jiāo shuǐ le
必常给它浇水了。

植物也会运动。虽然它们不能像动物那样整体地移动，但其各个部分的细胞都在不停地进行着各种生长运动，只不过这些运动极为缓慢，不易被人察觉。

· 百科知识 ·

树木在维护生态平衡中起着重要的作用，它具有制造氧气、净化空气、调节气候、防风固沙、涵养水源、保持水土和消除噪音等功能。

· 你知道吗 ·

树木移植会使其根部受损，供养能力减弱。这时，可以给树木"输液"，营养液由导管输入树干中心，加快根系伤口愈合，促进树木快速生长。

树主要由树根、树干、树枝和树叶四部分组成。

为什么树干通常都是圆柱形的?

xiǎo péng yǒu　　xì xīn de nǐ kěn dìng yǐ jīng fā xiàn　　shì jiè shang shù mù de shù
小朋友,细心的你肯定已经发现:世界上树木的树

gàn tōng cháng dōu shì yuán zhù xíng de
干通常都是圆柱形的。

zhè shì yīn wèi　　zài zhàn yǒu cái liào xiāng
这是因为,在占有材料相

tóng de qíng kuàng xià　　yuán de miàn jī bǐ qí tā
同的情况下,圆的面积比其他

rèn hé xíng zhuàng de miàn jī dōu dà　　cóng ér yuán
任何形状的面积都大,从而圆

zhù xíng shù gàn zhōng dǎo guǎn hé shāi guǎn de fēn bù
柱形树干中导管和筛管的分布

shù liàng bǐ fēi yuán zhù xíng shù gàn zhōng de duō suǒ
数量比非圆柱形树干中的多，所

yǐ yuán zhù xíng shù gàn shū sòng shuǐ fèn hé yǎng liào de
以圆柱形树干输送水分和养料的

néng lì jiù dà yǒu lì yú shù mù de shēng zhǎng
能力就大，有利于树木的生长。

tóng yàng yuán zhù xíng de róng jī yě zuì dà
同样，圆柱形的容积也最大，

tā jù yǒu zuì dà de zhī chēng lì wéi chí shù mù
它具有最大的支撑力。维持树木

gāo dà de shù guān hé zhòng liàng tóng yàng yào kào yī
高大的树冠和重量，同样要靠一

gēn zhǔ gàn zhī chēng yīn cǐ shù gàn chéng yuán zhù xíng
根主干支撑，因此树干呈圆柱形

shì zuì shì yí de cǐ wài yuán zhù xíng
是最适宜的。此外，圆柱形

de shù gàn hái néng yǒu xiào fáng zhǐ wài lái de
的树干还能有效防止外来的

shāng hài
伤害。

有的树木有雌雄之分，如银杏树，它的雌树开雌花，雄树开雄花。所以，银杏树要结果，需要有蜜蜂、鸟儿等为雌树和雄树"做媒"，帮助它们传授花粉，否则银杏树就不能结果了。

5

移栽树木时除掉一些叶子，树木更容易成活。

为什么植物到秋天会落叶？

qiū tiān　　wǒ men dōu huì chuānshàng hòu hòu de wài tào bǎo nuǎn　　kě qí guài de shì
秋天，我们都会穿上厚厚的外套保暖，可奇怪的是，

dà duō shù zhí wù què yào bǎ tā men de　　　yī fu
大多数植物却要把它们的"衣服"——

yè zi tuō diào　　zhè shì zěn me huí shì ne
叶子脱掉。这是怎么回事呢？

zhè shì yīn wèi　　zhí wù shēngzhǎng suǒ xū de yǎng
这是因为，植物生长所需的养

liào lái zì yè zi de guāng hé zuò yòng hé zhí wù de gēn
料来自叶子的光合作用和植物的根

bù　　guāng hé zuò yòng lí bù kāi yángguāng hé shuǐ fèn
部。光合作用离不开阳光和水分。

秋末冬初，光照时间明显减少，气温逐渐下降，空气干燥，土壤里的水分也随之减少。一方面，植物的根部不能从土壤中吸取足够的水分，也不能通过光合作用产生足够的养料，以满足自身生长的需要；另一方面，由于空气干燥，叶面水分蒸发过快，为了避免水分流失，植物中的脱落酸增多。脱落酸是植物体内特有的一种激素。当植物处于干旱状态时，它就要"发出指令"，让叶子脱落，以保护植物。

植物叶子的形状多种多样。如向日葵的叶子下圆上窄，是卵形的。樟树和茶树的叶子顶端和基部是圆形的，整片叶子呈椭圆形。此外，叶子的形状还有掌形、三角形等。

·百科知识·

同一株植物叶子的颜色有深有浅。刚长出的叶子娇小而嫩绿，随着叶子渐渐长大，颜色就慢慢变成了深绿色。

·你知道吗·

据报道，美国麻省理工学院的科学家研制出了一种实用型人造树叶。这种树叶能利用光合作用，把阳光和水转化为能量发电。

树木能调节气候，
保持生态平衡。

树为什么长叶子？

夏天，大树的叶子在阳光的照射下，绿油油的多漂亮啊！可是，小朋友你可不要以为树的叶子只是用来装饰树的哟！

叶子的内部有一种叫作"叶绿素"的东西，在阳光、水和空气中二氧化碳的帮助下，可以制造出树木生长所需要的

▶ **8**

养料。树木也就是通过叶子摄取足够的养分和能量的。

　　另外，树木也是需要呼吸的。树木的呼吸就是通过叶子上小气孔的自动开闭完成的，并且树木内多余的水分也是通过叶子上的小气孔给蒸腾掉的。

　　你瞧，叶子的作用多大啊！现在，你肯定知道树为什么长叶子了吧。

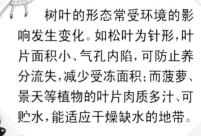

树叶的形态常受环境的影响发生变化。如松叶为针形，叶片面积小、气孔内陷，可防止养分流失，减少受冻面积；而菠萝、景天等植物的叶片肉质多汁、可贮水，能适应干燥缺水的地带。

树木较多的地方相对也要安静得多。

夏天，为什么森林里特别凉快？

dà ren menchángchángshuō dà shù dǐ xia hǎo chéngliáng
大人们常常说"大树底下好乘凉"，

xià tiān de sēn lín shì rén menchéngliáng bì shǔ de hǎo dì fang
夏天的森林是人们乘凉避暑的好地方。

kě wèi shén me sēn lín li tè bié liáng kuai ne
可为什么森林里特别凉快呢？

nà shì yīn wèi sēn lín li de shù duō zhī yè mào
那是因为森林里的树多，枝叶茂

mì yángguāng dōu bèi dǎng zhù le bù róng yì shè dào sēn lín
密，阳光都被挡住了，不容易射到森林

li méi yǒu le yángguāng de zhào shè sēn lín li zì rán
里。没有了阳光的照射，森林里自然

就凉快多了。

其次，由于森林里树木的叶子在不断蒸发水分，好像在向空中喷水一样。森林里的树木越多，蒸发的水分就越多。随着水分的蒸发，大量的热量被吸收带走，森林里也就特别凉快了。

夏天的光照强，树木的光合作用旺盛，会储存大量的养分。到了冬天，树木用"沉睡"的方法度过严寒的冬季。它们会把积累的养分转变成糖或脂肪，这样就能平安过冬了。

·百科知识·

树木具有净化空气的作用。据调查，绿化区和非绿化区空气中的灰尘含量相差 10% ～ 15%，街道空气中的灰尘含量比公园等有茂密树林的地方多 30% ～ 60%。

·你知道吗·

在西西里岛的埃特纳火山边，长有一株叫"百马树"的大栗树，它是世界上最粗的树。该树的树干大约有 55 米粗，差不多需要 30 个人手牵手才能围住它。

树木年轮的图案同气温、气压和降水量有一定的关系。

怎样知道树的年龄？

小朋友，我们可以通过数树木横切面那一圈一圈的年轮来知道树的年龄。

在树干的韧皮部和木质部之间，有一层分裂能力很强的细胞，叫作形成层。这层细胞能不断分裂出新细胞，使树干

bù duàn zhǎng cū   chūn xià shí jié   qì hòu wēn nuǎn   yǔ liàng chōng pèi   xíng chéng céng fēn
不断长粗。春夏时节，气候温暖，雨量充沛，形成层分

liè chū de xì bāo yòu duō yòu dà   xíng chéng de mù
裂出的细胞又多又大，形成的木

cái zhì dì shū sōng   yán sè jiào qiǎn   qiū dōng jì
材质地疏松，颜色较浅；秋冬季

jié   qì hòu biàn lěng   tiān qì jiào gān zào   xíng chéng
节，气候变冷，天气较干燥，形成

céng fēn liè chū de xì bāo jì shǎo yòu xiǎo   xíng chéng
层分裂出的细胞既少又小，形成

de mù cái zhì dì xì mì   yán sè jiào shēn
的木材质地细密，颜色较深。

zhè zhǒng shēn qiǎn bù yī de mù wén tōng cháng měi
这种深浅不一的木纹通常每

nián zhǎng yī quān   chūn qù qiū lái   nián lún
年长一圈。春去秋来，年轮

yī quān yī quān de zēng jiā   zhèng hǎo jì lù
一圈一圈地增加，正好记录

le shù mù de nián líng
了树木的年龄。

科学家通过研究树木的年轮，可以测知过去发生的地震、火山爆发和气候变化。同时，通过获得的这些知识，他们又可预测未来将会发生的事情。

人们主要利用草原进行
放牧和农业开垦。

为什么草原上很少能见到大树?

去过草原的人一定会发现,一望无际的大草原上,很少能见到大树。大树们都去哪儿了呢?现在让我们一起来了解一下吧!

草原上的土壤层很薄,一般只有0.2米左右,再往下就是坚硬的岩石了。在这么

qiǎn de tǔ céng li gāo dà de shù mù shì hěn
浅的土层里，高大的树木是很
nán zhā gēn de
难扎根的。

lìng wài yóu yú tǔ rǎng céng báo xī shōu
另外，由于土壤层薄，吸收
bù liǎo duō shao shuǐ fèn zài jiā shàng cǎo yuánshang
不了多少水分，再加上草原上
fēng shā dà shuǐ fèn zhēng fā de tè bié kuài tǔ
风沙大，水分蒸发得特别快，土
rǎngzhōng de shuǐ fèn hěn kuài jiù sàn shī le ér
壤中的水分很快就散失了。而
shù mù de shēngzhǎng xū yào dà liàng de shuǐ fèn
树木的生长需要大量的水分，
zài quē shǎo shuǐ fèn de tǔ rǎngzhōng cún huó bǐ
在缺少水分的土壤中，存活比
jiào duō de jiù zhǐ yǒu guàn mù cóng le
较多的就只有灌木丛了。

　　高寒草原海拔在4000米以上，以低矮植物为主要植被，分布在我国青藏高原北部、四川西北部，以及昆仑山、天山等地区。

山楂的主产地是山东、河南、山西、河北和辽宁。

山楂树为什么要修剪枝叶？

天天最喜欢吃酸酸甜甜的冰糖葫芦了。妈妈说，冰糖葫芦是用红红的山楂做的，要想山楂树多结山楂，就得给山楂树修剪枝叶。

山楂树的枝叶生长得很快，如果很长时间不给它修剪，那么枝叶过多，会把阳光挡住，在里层的枝叶就

quē shǎo le yángguāng guāng hé zuò yòngqiáng dù jiù huì
缺少了阳光，光合作用强度就会

jiàng dī shù mù yě jiù wú fǎ chǎnshēng zú gòu de
降低，树木也就无法产生足够的

yǎng fèn tí gōng gěi huā guǒ zhè yàng zuì zhōng huì
养分提供给花果。这样，最终会

dǎo zhì shān zhā shù shēngzhǎnghuǎn màn chǎn liàng jiǎn shǎo
导致山楂树生长缓慢、产量减少。

xiāng fǎn rú guǒ jīng cháng gěi shān zhā shù xiū
相反，如果经常给山楂树修

jiǎn zhī yè bù jǐn kě yǐ jiǎn qù shù shang yǒu bìng
剪枝叶，不仅可以剪去树上有病

chóng hài de zhī tiáo hái kě yǐ péi yù chū gèng wéi
虫害的枝条，还可以培育出更为

yōu liáng de nèn yá shǐ shù mù shēngzhǎng de gèng hǎo
优良的嫩芽，使树木生长得更好，

tí gāo shān zhā de chǎn liàng hé zhì liàng
提高山楂的产量和质量。

山楂树的叶片呈三角状卵形或棱状卵形,花为白色,有独特气味,且序梗和花柄都长有长柔毛。它的花期为5月～6月,果期为9月～10月,果实为球形、深红色、有小斑点、味酸。

中国是世界上
最大的苹果生产国,
苹果种植广泛。

苹果树为什么不能年年丰收？

kě ke jiā yǒu yī kē píng guǒ shù　qù nián shù shang jiē mǎn le píng guǒ　dà hóng
可可家有一棵苹果树,去年树上结满了苹果,大红

de píng guǒ yī gè gè guà zài shù shang jiù hǎo
的苹果一个个挂在树上就好

xiàng xǐ qìng de dà hóng dēng long　kě jīn nián
像喜庆的大红灯笼。可今年

shù shang jiē de píng guǒ yòu xiǎo yòu shǎo　yuán
树上结的苹果又小又少。原

lái píng guǒ shù shì bù néng nián nián fēng shōu de
来,苹果树是不能年年丰收的。

píng guǒ shù guǒ shí de chǎn liàng tōng cháng
苹果树果实的产量通常

shì gēn shù de yíng yǎng tiáo jiàn yǒu guān de qián yī nián píng guǒ shù jiē de guǒ shí guò
是跟树的营养条件有关的。前一年苹果树结的果实过

duō yíng yǎng dà liàng xiāo hào zài guǒ shí shang zhī tiáo hé huā yá yóu yú méi yǒu zú gòu
多，营养大量消耗在果实上，枝条和花芽由于没有足够

de yíng yǎng qí shēng zhǎng hé fēn huà yě jiù shòu dào le xiàn zhì
的营养，其生长和分化也就受到了限制。

dì èr nián píng guǒ shù de huā yá fā yù bù liáng huā liàng jiǎn shǎo zhè yàng píng
第二年，苹果树的花芽发育不良，花量减少，这样苹

guǒ shù jiē de guǒ shí yě jiù jiǎn shǎo le suǒ
果树结的果实也就减少了。所

yǐ píng guǒ shù shì bù néng nián nián fēng shōu de
以，苹果树是不能年年丰收的，

zhè zhǒng xiàn xiàng yòu bèi chēng wéi píng guǒ shù de dà
这种现象又被称为苹果树的"大

xiǎo nián ér shí jì shàng guǒ shù dà duō shù
小年"。而实际上，果树大多数

dōu cún zài dà xiǎo nián xiàn xiàng
都存在"大小年"现象。

科学研究表明，苹果成熟需大量日照，所以能有效吸收阳光中的射线。因此，未成熟和半成熟的苹果具有防辐射的作用。

·百科知识·

苹果被人们称为"全方位的健康水果"。它不仅有稳定血压、顺畅呼吸和增强记忆的作用，而且还能预防感冒，所以我们应该多吃苹果。

·你知道吗·

据报道，英国德文郡的莫里斯老先生，曾在自家的苹果园里发现了一个半边红半边绿的苹果。专家分析，这是基因突变造成的结果。

我国新疆塔里木河流域是世界上最大的胡杨林集中地。

春天，杨树上为什么挂满了"毛毛虫"？

春天，远远地望去，杨树上挂满了像毛毛虫一样的小东西。可你走近一点看，就会知道那个并不是毛毛虫，它其实是杨树的雌花。

杨树的花一般分为两种：一种

杨树因具有早期生长速度快、适应性强、容易杂交和改良遗传性等特点，而被人们广泛栽培。此外，杨树品种繁多，我国就有50多种。

你知道吗

杨树是一种非常优秀的树种，可用于道路绿化和园林景观。其特点是高大挺拔、迅速成林、能防风沙和吸废气等。

是雄花，长约10厘米，呈暗红色或暗黄色，由许多小花组成，往往很早就脱落了；另一种是雌花，呈串状，可以播撒种子，也就是我们所看到的"毛毛虫"。每年秋天，杨树叶变黄落下时，树上就会长出许多花芽。春天一来，花芽会长成串，就成了"毛毛虫"。

"毛毛虫"由许多小球组成，小球里有白色絮状的茸毛，杨树的种子就藏在茸毛里。

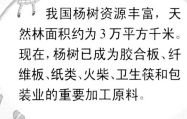

我国杨树资源丰富，天然林面积约为3万平方千米。现在，杨树已成为胶合板、纤维板、纸类、火柴、卫生筷和包装业的重要加工原料。

21

松树一年四季叶子常绿，因此有"常青树"之称。

松树为什么能常青？

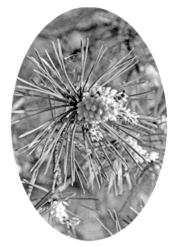

　　dōng tiān 冬天，一般大树的叶子不是黄了，就是都落光了，只有松树的叶子还绿油油地挂在树上，不怕寒风和雨雪，你肯定觉得很奇怪吧。

　　原来，松树的叶子很窄小，像一根针似的，这样就减少了它与外界接触的面积，水分也因此不容易蒸发。

▶ **22**

cǐ wài, sōng shù de yè zi shang hái yǒu yī céng hòu hòu de là zhì, kě yǐ bǎo
此外，松树的叶子上还有一层厚厚的蜡质，可以保

cún yè zi de yǎng fèn, shǐ yè zi jù yǒu yī dìng de kàng hán néng lì。 suǒ yǐ, jí
存叶子的养分，使叶子具有一定的抗寒能力。所以，即

shǐ zài dà xuě fēn fēi de dōng tiān, sōng shù de yè zi yě shì lǜ sè de。
使在大雪纷飞的冬天，松树的叶子也是绿色的。

bù guò, nǐ kě bù yào yǐ wéi sōng shù
不过，你可不要以为松树

shì bù huì luò yè de, qí shí sōng shù sì jì
是不会落叶的，其实松树四季

dōu yǒu luò yè, zhǐ shì tā yī biān luò xià kū
都有落叶，只是它一边落下枯

de yè zi, yī biān yòu huì zhǎng chū xīn yè。
的叶子，一边又会长出新叶。

zhè yàng, sōng shù yī nián sì jì kàn qǐ lái dōu
这样，松树一年四季看起来都

shì cháng qīng de
是常青的。

松树的"汗"其实是流出来的松脂。松树的根、茎、叶里储存了大量的松脂，一旦树干受伤，松脂就流出来把伤口封住，保护自己不受更大的伤害。

23

椰子树是古老的栽培作物，多数人认为其起源于马来群岛。

为什么说椰子树浑身是宝？

炎热的夏天，你肯定会喜欢喝一杯甘甜可口的椰子汁。不过，你可不要以为椰子树就只有美味的椰子汁，其实它浑身都是宝呢！

嫩的椰子肉软软滑滑的，吃了让人回味无穷；老的椰子肉可以榨成美味的椰奶，或加工成不

同口味的椰子糖和点心。

椰子树的树干高大结实，不易腐烂，能用来搭建房屋。而它的叶子可以用来编织房屋的顶棚。椰棕可以用来做绳子、刷子和扫帚。椰子树的皮也可以加工成地毯和绳子。此外，椰干可以通过压榨制成椰油，为制作肥皂提供优质原料。

世界上大量种植的商品性椰子是高种椰子。它树干高大粗壮，树冠呈圆形或半圆形，种植后 6 年～8 年开花结果。果实较大，椰干质优，含油量高。

·百科知识·

椰树大多长在海边，果实成熟后会掉到沙滩上。涨潮时，海水就将椰子带到海里，椰子随着海水漂流，一旦遇到合适的海滩，它们就会扎根"落户"。

·你知道吗·

在我国南疆的海滩上，树影婆娑的椰子树形成了热带一道独特、绮丽、秀美的风光。椰子树浑身是宝，因此热带的人们赐予它"宝树""生命之树""钱树"的美称。

法国梧桐树是世界著名的庭荫树和行道树。

为什么人们喜欢在街边种法国梧桐树？

zài wǒ guó yī xiē chéng shì de mǎ lù liǎng biān dōu zhòng
在我国一些城市的马路两边，都种

zhe xíng dào shù yòng lái lǜ huà huán jìng xíng dào shù zhōng
着行道树，用来绿化环境。行道树中

zhòng de zuì duō de shì fǎ guó wú tóng shù
种得最多的是法国梧桐树。

fǎ guó wú tóng shù shēng zhǎng wàng shèng zhǎng de gāo shù
法国梧桐树生长旺盛，长得高，树

guān miàn jī dà yǒu shí hou kě yǐ cóng mǎ lù zhè biān zhē gài
冠面积大，有时候可以从马路这边遮盖

到马路对面。夏季烈日当空，人们在它的树冠下走，感觉凉快多了。法国梧桐树的叶片很大，又浓又密，所以还有吸滤灰尘、减少噪音、净化空气的功能。

法国梧桐树每年4月开花，10月结果，结的果实是一对圆形的小球，像悬挂着的两个小铃铛，所以它的学名是"悬铃木"。

中国梧桐树与法国梧桐树是有区别的。中国梧桐树的叶片呈三角星状，果实可食用，开的花像喇叭；法国梧桐树叶片形状像手掌，果实非常小，且不能食。

柳树是落叶大乔木，分垂柳、旱柳两种。

为什么说"无心插柳柳成荫"？

小明随手把折断的柳枝插在土里，过几天再去看时，竟发现柳枝长大了些。小明禁不住感叹道："这柳树可真容易成活，怪不得人们常说'无心插柳柳成荫'呢！"

在树的家族里，柳树算是生命力较强的成员。

柳枝具有很强的再生根

néng lì   tōng cháng jiāng liǔ zhī chā zài ní tǔ li   zhǐ yào wēn dù shì yí   yǒu chōng zú
能力。通常将柳枝插在泥土里，只要温度适宜、有充足

de shuǐ fèn   liǔ zhī zài dì xià de bù fen jiù huì hěn kuài zhǎng chū xīn gēn
的水分，柳枝在地下的部分就会很快长出新根。

jiē zhe   xīn gēn zài dì xià huì bù duàn
接着，新根在地下会不断

de xī shōu shuǐ fèn hé yíng yǎng   màn màn de   liǔ
地吸收水分和营养，慢慢地，柳

zhī shang jiù huì zhǎng chū xīn yè zi   yī gè xīn
枝上就会长出新叶子。一个新

de shēng mìng yě jiù zhè yàng kāi shǐ le
的生命也就这样开始了。

liǔ shù yīn qí róng yì chéng huó de tè diǎn
柳树因其容易成活的特点，

chéng le wǒ guó guó tǔ lǜ huà zuì wéi pǔ biàn de
成了我国国土绿化最为普遍的

shù zhǒng zhī yī
树种之一。

古人会在清明前后开展射柳的娱乐活动，即在距离柳树一百步远的地方，用弓箭瞄射悬挂的柳叶。此活动始于战国，流行于汉朝，到唐朝被官方确定为正式的比赛项目。

· 百科知识 ·

柳树是我国的原生树种，也是我国记载的人工栽培最早、分布范围最广的植物之一。古时甲骨文中就已经出现了"柳"字。

· 你知道吗 ·

柳树皮有微毒，人误食后会出现冒汗、口渴、呕吐、血管扩张、耳鸣、视觉模糊等症状。严重时，它还会使人脉搏变快、呼吸困难，甚至丧失知觉。

水果是指可以食用的多汁液的植物果实。

为什么水果大多是圆的？

zǒu jìn shuǐ guǒ shì chǎng nǐ huì kàn dào píng guǒ pú tao xī guā jú zi děng
走进水果市场，你会看到苹果、葡萄、西瓜、橘子等

shuǐ guǒ lín láng mǎn mù de bǎi fàng zài jià zi shang kě qí guài de shì zhè xiē shuǐ guǒ
水果琳琅满目地摆放在架子上。可奇怪的是，这些水果

dà duō dōu shì yuán de wèi shén me shuǐ guǒ yào zhǎng chéng yuán de
大多都是圆的。为什么水果要长成圆的

ne nǐ yīng gāi huì yǒu zhè yàng de yí huò ba
呢？你应该会有这样的疑惑吧！

qí shí shuǐ guǒ zhǎng chéng yuán xíng shì wèi
其实，水果长成圆形是为

le shì yìng huán jìng zài zì rán tiáo jiàn xià yuán
了适应环境。在自然条件下，圆

xíng de shuǐ guǒ chéngshòu fēng chuī yǔ dǎ de néng lì yào bǐ fāng xíng de shuǐ guǒ qiáng de duō
形的水果承受风吹雨打的能力要比方形的水果强得多。

qǐ fēng shí yuán xíng de shuǐ guǒ bù yì bèi fēng chuī diào xià yǔ shí yǔ shuǐ huì shùn zhe
起风时，圆形的水果不易被风吹掉；下雨时，雨水会顺着

shuǐ guǒ de yuán xíng biǎo miàn hěn kuài huá luò
水果的圆形表面很快滑落。

世界四大水果是哪几种？
A. 柑橘、香蕉、苹果、梨子
B. 苹果、核桃、香蕉、葡萄
C. 葡萄、柑橘、苹果、香蕉
D. 柿子、葡萄、柑橘、香蕉
C：案答

qí cì zài zhàn yǒu cái liào xiāng tóng de
其次，在占有材料相同的

qíngkuàng xià qiú de biǎo miàn jī bǐ qí tā xíng
情况下，球的表面积比其他形

zhuàng de biǎo miàn jī xiǎo shuǐ guǒzhǎngchéngyuán xíng
状的表面积小，水果长成圆形

kě jiǎn shǎo biǎo miàn shuǐ fèn de zhēng fā yǒu lì
可减少表面水分的蒸发，有利

yú shuǐ guǒ de shēngzhǎng
于水果的生长。

· 百科知识 ·

为了预防虫害及日晒，人们会在水果的生长过程中，将其用纸袋包裹起来，但这样会使其维生素C含量减少；夏季，把水果储藏于冷库，也会令其维生素C含量减少。

· 你知道吗 ·

日常生活中，热带水果最好放在避光、阴凉的地方贮藏。如果一定要放入冰箱，应置于温度较高的蔬果槽中，其保存的时间最好不要超过两天。

苹果品种繁多,颜色有红、黄、绿三种。

为什么削了皮的苹果会变色?

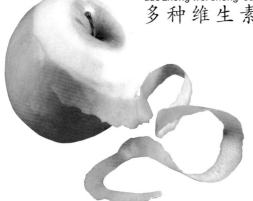

píng guǒ shì rén men shēng huó zhōng cháng jiàn de shuǐ guǒ　qí yíng yǎng fēng fù　hán yǒu
苹果是人们生活中常见的水果,其营养丰富,含有

duō zhǒng wéi shēng sù　bù jǐn néng cù jìn xiāo huà　hái kě yǐ yù fáng
多种维生素,不仅能促进消化,还可以预防

gǎn mào　dàn zài chī píng guǒ de shí hou　wǒ men
感冒。但在吃苹果的时候,我们

huì fā xiàn　xiāo le pí de píng guǒ huì hěn kuài de
会发现:削了皮的苹果会很快地

biàn chéng qiǎn hè sè
变成浅褐色。

yuán lái　píng guǒ ròu li yǒu yī zhǒng jiào zuò
原来,苹果肉里有一种叫作

"酶"的物质，我们切开苹果它就会接触到空气，这样空气中的氧气和酶相遇了，同时就会发生一系列的化学变化，切口处的果肉就会慢慢变成浅褐色了。

所以，苹果削皮以后，最好马上吃掉。如果暂时不吃，可以把苹果放在浓度为 1%～3% 的盐水里，这样可以防止其变色，还可以保持其新鲜可口的味道。

专家们经过实验发现，苹果的香味有消除心理压抑感的作用。精神压抑的人闻了苹果的香味后，心情会变得轻松愉悦；失眠的人睡前闻闻苹果的香味，也可较快地入眠。

33

哈密瓜是夏天消暑的水果，它还能防止人的皮肤被晒出斑来。

哈密瓜为什么特别甜？

产自我国哈密及吐鲁番盆地一带的哈密瓜，营养丰富、香甜多汁，有着"瓜中之王"的美誉。可是，你知道哈密瓜为什么这么甜吗？

在哈密瓜生长的夏天，新疆哈密及吐鲁番盆地一带的日照充足，气温非常高，能加大哈

密瓜进行光合作用的强度,从而提高它制造养分的速度。哈密瓜会把这些养分转化成糖分并储存在果实里。此外,高温也有利于哈密瓜中酸的代谢分解,降低其酸度。

而夜间,该地区气温低,又大大减少了哈密瓜对养分的消耗,这样有利于它糖分的积累。哈密瓜含糖量高,酸度低,自然就特别甜了。

购买哈密瓜时,可用手摸一摸,如瓜身坚实微软,成熟度就比较适中;如太硬则不太熟;太软就是成熟过度。也可用鼻子闻瓜的香味,有香味的成熟度适中,没香味的成熟度差。

· 百科知识 ·

哈密瓜古称甘瓜、甜瓜,维吾尔语叫"库洪"。它的形状多样,有圆形、橄榄形等。瓜皮的颜色有白玉色、金黄色、青色,以及绿色和杂色等。

· 你知道吗 ·

据说清朝年间,哈密王把甜瓜献给康熙。康熙问起瓜名,下人们不知道,只说瓜是哈密王献来的。于是,康熙便给瓜取名为"哈密瓜"了。

35

菠萝是我国南方的
四大水果之一。

菠萝为什么要洗"盐水澡"？

菠萝果形美观、汁多味甜，有着特殊的香味，是人们所喜爱的热带水果。不过，人们在吃之前，总会把它放在盐水里浸泡一段时间，以保证菠萝香甜的口感。

菠萝的果肉里除了含有

fēng fù de wéi shēng sù　　táng fèn hé duō zhǒng yǒu
丰富的维生素C、糖分和多种有

jī suān zhī wài　　hái hán yǒu yī zhǒng jiào　　bō luó
机酸之外，还含有一种叫"菠萝

méi　　de wù zhì　　zhè zhǒng méi néng gòu fēn jiě dàn
酶"的物质。这种酶能够分解蛋

bái zhì　　duì wǒ men de kǒu qiāng nián mó hé zuǐ chún
白质，对我们的口腔黏膜和嘴唇

de yòu nèn biǎo pí yǒu cì jī zuò yòng　　huì shǐ wǒ
的幼嫩表皮有刺激作用，会使我

men yǒu　　yī zhǒng má mù　　cì tòng de gǎn jué
们有一种麻木、刺痛的感觉。

　　　　　　yán néng kòng zhì bō luó méi de huó lì　　yīn
　　　　盐能控制菠萝酶的活力。因

cǐ　　wǒ men zài chī bō luó shí　　xiān yào gěi tā
此，我们在吃菠萝时，先要给它

xǐ gè　　yán shuǐ zǎo　　zhè yàng néng shǐ tā gèng jiā měi wèi
洗个"盐水澡"，这样能使它更加美味。

　　菠萝的花序是从叶子里抽出来的，形状呈椭圆形，颜色为紫红色。果实是由吸芽和冠芽进行无性繁殖而来的，味香甜，不但可以直接食用，还可以制成罐头。

37

世界上最大的甘蔗出产国是中国、印度和巴西。

甘蔗的哪一部分最甜？

gān zhe hán yǒu fēng fù de táng fèn hé shuǐ hái hán yǒu duì rén tǐ xīn chén dài xiè
甘蔗含有丰富的糖分和水，还含有对人体新陈代谢

fēi cháng yǒu yì de gè zhǒng wéi shēng sù wǒ men zài tiāo xuǎn gān zhe shí yīng xuǎn zé tā
非常有益的各种维生素。我们在挑选甘蔗时，应选择它

kào jìn gēn de nà yī bù fen yīn wèi nà
靠近根的那一部分，因为那

yī bù fen zuì tián
一部分最甜。

yī bān lái shuō zhí wù zhì zào de
一般来说，植物制造的

yǎng liào chú le gōng zì shēn xiāo hào wài duō
养料除了供自身消耗外，多

▶ **38**

余的部分则会储藏在根部。由于甘蔗制造的养料绝大部分是糖，所以根部就储藏了很多的糖。

另外，甘蔗的叶子总是在蒸发水分，所以梢头的部分会保持丰富的水分供叶子消耗。水分多了，糖的浓度就变低了，味道也就淡了。因此甘蔗是靠近根的部分最甜。

甘蔗生长缓慢，为合理利用土地，人们会选择一些短期作物与它一起种植，以增加土地的收益。可与甘蔗一起种植的作物有：甘薯、玉米、西红柿、西瓜、马铃薯、豆类等。

·百科知识·

甘蔗是很好的经济作物。它的茎可用于制糖，而制糖剩下的残渣可用作造纸、人造丝的原料。另外，甘蔗的青叶可作家畜的饲料。

·你知道吗·

甘蔗是中国制糖的主要来源，蔗糖约占中国食糖总量的80%。糖是人类必需的食用品之一，也是糖果、饮料等食品加工的重要原料。

中国是世界上最大的西瓜产地，但西瓜并非源于中国。

什么样的西瓜是熟的？

烈日炎炎的夏天，人们都想要吃上一块清凉可口的西瓜。可有时候，我们买回家的西瓜，切开一看却是不熟的。我们该如何挑选西瓜呢？

首先，挑选西瓜时，我们应该看西瓜的表皮。如果西瓜皮上的纹路清楚、深浅分明，瓜皮光泽鲜亮，并且瓜蒂凹陷，与泥土接触的那面是黄色的，这样的西瓜八成是熟的。

其次是听声音。买西瓜时，用手指弹弹瓜皮，如果听到西瓜发出的是咚咚的声音，那西瓜也是熟的。除此之外，你还可以把西瓜放入水里，一般沉下去的是生瓜，浮上来的是熟瓜。

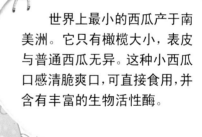

世界上最小的西瓜产于南美洲。它只有橄榄大小，表皮与普通西瓜无异。这种小西瓜口感清脆爽口，可直接食用，并含有丰富的生物活性酶。

西瓜的原产地在非洲,早在 4000 年前,埃及人就种植西瓜了。

西瓜为什么外面绿、里面红?

xī guā shì xià jì zhǔ yào de shuǐ guǒ　qí guā ráng cuì nèn　duō zhī　hán yǒu rén
西瓜是夏季主要的水果,其瓜瓤脆嫩、多汁,含有人

tǐ suǒ xū de　gè zhǒng yíng yǎng chéng fèn
体所需的各种营养成分,

shì yī zhǒng yíng yǎng fēng fù qiě shí yòng ān
是一种营养丰富且食用安

quán de shuǐ guǒ　kě wèi shén me xī guā
全的水果。可为什么西瓜

wài miàn shì lǜ sè de　lǐ miàn shì hóng
外面是绿色的,里面是红

sè de ne
色的呢?

原来，西瓜绿色的瓜皮既能很好地进行光合作用，又能保护自己不被动物过早吃掉。

如果西瓜外面是红色的，里面是绿色的，会很容易引起动物的注意，恐怕还没等长好，籽就被动物吃了，种子就无法得到传播，那西瓜不得绝种？所以，西瓜长成这样，是为了保护自己。

西瓜虽然好吃，但不宜饭前或饭后吃，因为西瓜中的大量水分会冲淡胃中的消化液，影响食物的消化吸收。

你知道方形西瓜吗？在西瓜长到拳头大小的时候，人们给它套上结实的方形有机玻璃模板。在模板压力的作用下，西瓜就会渐渐长成方形。方形西瓜相比圆形西瓜更易运输。

· 百科知识 ·

中国目前的西瓜产地有南北之分：南方以海南岛为主要产地，因其独特的气候，一年四季均产西瓜；而北方以山东为主要产地。

· 你知道吗 ·

西瓜的由来有两种说法：一种说西瓜是神农尝百草时发现的，当时叫稀瓜，后传成了西瓜；另一种说西瓜是从西域传来，因此叫西瓜。

43

香蕉、菠萝、龙眼和荔枝号称"南国四大果品"。

香蕉的**种子**在哪里?

wǒ men píng shí chī xiāng jiāo de shí hou　　hǎo xiàng bìng méi yǒu fā xiàn xiāng jiāo de zhǒng
我们平时吃香蕉的时候,好像并没有发现香蕉的种

zi　 shì shí shang xiāng jiāo shì yǒu zhǒng zi de　　zhǐ shì tā de zhǒng zi yǐ jīng tuì huà le
子。事实上,香蕉是有种子的,只是它的种子已经退化了。

gǔ dài zì rán jiè de xiāng jiāo dōu shì yǒu
古代自然界的香蕉都是有

zhǒng zi de　　hòu lái zài fán zhí de guò chéng
种子的。后来在繁殖的过程

zhōng　 yǒu xiē xiāng jiāo méi yǒu chuán shàng huā fěn
中,有些香蕉没有传上花粉,

jiē chū de guǒ shí méi yǒu zhǒng zi　　rén men chī
结出的果实没有种子。人们吃

了这种香蕉觉得味道很好，就试着把香蕉培育成无籽香蕉。经过很长一段时间，无籽香蕉完全取代了有籽香蕉。

所以，我们现在吃到的香蕉就是无籽香蕉。当我们咬开香蕉，在果肉里面看到的那一排排褐色的小点，其实就是它退化了的种子。有时，我们在野生香蕉的果实内仍可发现颗粒状、未退化的种子。

世界上栽培香蕉的国家有很多，其中中国是栽培香蕉最古老的国家之一，且国外主栽的香蕉品种大多也是由中国传去的。中国的香蕉产地主要分布在广西、福建、海南等地。

45

香蕉,营养高、热量低,又有丰富的蛋白质、维生素A和C以及膳食纤维。

为什么香蕉不能放在冰箱里保鲜?

妈妈从超市买回很多水果后,都会把它们放到冰箱里面保鲜,唯独香蕉例外。为什么香蕉不能放在冰箱里保鲜呢?

一般情况下,冰箱冷藏室的温度在5℃左右,冷冻室的温度处于零下18℃左右。而香

蕉原产于热带，属于热带水果，对低温十分敏感，储藏它的最佳温度是13℃左右。如果温度很低，香蕉皮会变成暗灰色，果肉也会变得僵硬，所以香蕉不能放在冰箱里保鲜。

日常生活中，热带水果最好放在避光、干燥的地方储存。

近年来，国外医学家研究发现，香蕉在人体内能帮助大脑分泌一种化学成分——血清素，这种物质能刺激神经系统，有助于稳定情绪、解除焦虑、给人带来快乐。

· 百科知识 ·

香蕉属于芭蕉科植物，主要产于热带地区。香蕉味美、富有营养、终年可收获，因此在我国南部及西南地区广泛种植。香蕉根据用途可分为观赏类香蕉、果蔬类香蕉和纤维类香蕉。

· 你知道吗 ·

香蕉弯弯的形状是由于它的内外侧接受阳光照射的程度不同，生长速度也就不一样：内侧受到阳光的照射少，生长较慢；外侧受到阳光的照射多，则生长快。

秋天过后，菱角的果实变硬即可采摘。

菱角为什么长有尖角？

到了秋天，妈妈会买很多的菱角给萍萍吃。可萍萍吃的时候，总会被菱角尖尖的角刺着。萍萍好奇了：好吃的菱角为什么要长尖角呢？

菱角是一种草本水生植物，大多生长在湖里，所以又被称为

shuǐ zhōng luò huā shēng ér hú li tōng cháng huì
"水中落花生"。而湖里通常会

yǒu hěn duō de yú yā zi shuǐ lǎo shǔ děng dòng
有很多的鱼、鸭子、水老鼠等动

wù líng jiao wèi le bǎo hù zì jǐ bù bèi zhè xiē
物，菱角为了保护自己不被这些

dòng wù chī diào jiù zhǎng chū le chángcháng de jiān jiǎo
动物吃掉，就长出了长长的尖角。

cǐ wài líng jiao zhǎng zài hú li gēn zhā
此外，菱角长在湖里，根扎

zài ní li zhǎng yǒu jiān jiǎo yě yǒu lì yú tā gù
在泥里，长有尖角也有利于它固

dìng wèi zhì bù bèi shuǐ chōng zǒu
定位置，不被水冲走。

yóu cǐ kě jiàn líng jiao zhǎng jiān jiǎo shì cháng
由此可见，菱角长尖角是长

qī shì yìng huán jìng de jié guǒ
期适应环境的结果。

· 百科知识 ·

菱角含丰富的淀粉及多种维生素。古人认为多吃菱角可除百病、轻身。所谓轻身，就是有减肥的作用，因为菱角只含有微量的使人发胖的脂肪。

· 你知道吗 ·

菱角原产于欧洲，中国以长江下游太湖地区和珠江三角洲地区栽培最多。生吃菱角前一定要完全洗净，并用开水烫泡或在阳光下久晒。

菱角的种类有很多。人工栽培的菱角大的有火柴盒大小，而野生菱角通常较小，有的只有指甲盖大。菱角有青色、红色和紫色，其皮脆肉美，味道可口。

梨子鲜嫩多汁、酸甜可口，有"天然矿泉水"之称。

梨子有哪些特殊功效？

kàn dào shuǐ wāngwāng de dà lí zi　nǐ kěn dìng xiǎng hěn hěn yǎo shàng yī kǒu ba
看到水汪汪的大梨子，你肯定想狠狠咬上一口吧！

qí shí chī lí zi de hǎo chù hěn duō　tōng cháng chī lí zi jiào
其实吃梨子的好处很多，通常吃梨子较

duō de rén yuǎn bǐ bù chī huò shǎo chī lí zi de rén gǎn mào de jī lǜ
多的人远比不吃或少吃梨子的人感冒的机率

dī　suǒ yǐ　yǒu kē xué jiā hé yī shī bǎ lí chēng wéi
低。所以，有科学家和医师把梨称为

quán fāng wèi de jiàn kāng shuǐ guǒ
"全方位的健康水果"。

lí zi ròu cuì zhī duō　suān tián kě kǒu　fù hán
梨子肉脆汁多、酸甜可口，富含

táng dàn bái zhì zhī fáng tàn shuǐ huà hé wù jí
糖、蛋白质、脂肪、碳水化合物及

duō zhǒng wéi shēng sù shì zhì bìng de liáng yào yǒu rùn
多种维生素，是治病的良药，有润

fèi qīng rè xiāo tán zhǐ ké de zuò yòng
肺清热、消痰止咳的作用。

zài qì hòu gān zào de qiū jì rén men gǎn
在气候干燥的秋季，人们感

dào kǒu gān shé zào gān ké shǎo tán de shí hou měi
到口干舌燥、干咳少痰的时候，每

tiān chī yī liǎng gè lí zi kě yǒu xiào huǎn jiě qiū zào
天吃一两个梨子可有效缓解秋燥。

cǐ wài lí zi hái yǒu tí gāo jì yì lì
此外，梨子还有提高记忆力、

fáng fú shè fáng ái
防辐射、防癌

kàng ái jí jiàng xuè yā
抗癌及降血压

děng gōng xiào
等功效。

　　我国的名产——砀山酥梨，以果实硕大、黄亮色美、皮薄多汁、肉多核小、甘甜酥脆等特点驰名海内外。砀山县也于2010年入选了世界吉尼斯纪录——中国酥梨第一县。

51

葡萄果色艳丽、汁多味美，被人们称为"水晶明珠"。

葡萄为什么是酸酸的？

yuǎn kàn mǎ nǎo zǐ liū liū　jìn kàn zhēn zhū yuán liū liū　qiā tā yī bǎ shuǐ liū

"远看玛瑙紫溜溜，近看珍珠圆溜溜，掐它一把水溜

liū　yǎo tā yī kǒu suān liū liū　nǐ zhī dào zhè shuō

溜，咬它一口酸溜溜。"你知道这说

de shì nǎ yī zhǒng shuǐ guǒ ma　duì le jiù shì pú

的是哪一种水果吗？对了，就是葡

tao　kě shì　xiǎo péng yǒu　nǐ zhī dào pú tao wèi

萄！可是，小朋友，你知道葡萄为

shén me shì suān suān de ma

什么是酸酸的吗？

nà shì yīn wèi　pú tao nèi bù hán yǒu dà liàng de jiǔ shí

那是因为，葡萄内部含有大量的酒石

酸和苹果酸，它们的含量占总酸含量的90%。另外，葡萄中还含有柠檬酸、草酸、醋酸等，这些酸也决定了葡萄有一定的酸味。

此外，葡萄的酸味也受其生长环境的影响。如果气候温和、昼夜温差小、光照不足，葡萄的成熟时间就会延长，那它的糖分积累不够，就无法脱酸。这样一来，葡萄的含糖量就很低，吃起来自然也是酸酸的了。

葡萄皮上如有呈斑点状的白色粉末，则表示留有农药，一定要洗干净才能吃。如果上面有蜡状物，这是葡萄自身分泌的一种物质，可用来保护果实不受侵犯。

· 百科知识 ·

葡萄是人们喜食的果品，其产量约占世界水果总产量的四分之一。葡萄的品种很多，总体上可以分为食用葡萄和酿酒葡萄两大类。

你知道吗 ·

葡萄具有极高的观赏性，人们将其制作成各种盆景放置室内，清香幽雅、美观别致；或栽种在居室的前后，藤蔓缠绕、玲珑剔透，是美化环境的佼佼者。

草莓,又叫红莓、洋莓、地莓等,是一种红色的水果。

草莓上的小黑点是什么?

mā ma dài pí pi qù guǒ yuán zhāi cǎo méi pí pi yī kàn dào cǎo méi jiù gǎn
妈妈带皮皮去果园摘草莓。皮皮一看到草莓,就赶

máng zhāi le yī kē yòu hóng yòu dà de xǐ gān jìng fàng jìn zuǐ li chī qǐ lái cǎo méi
忙摘了一颗又红又大的,洗干净放进嘴里吃起来。草莓

kě zhēn tián a yí cǎo méi shēnshang zěn me yǒu xiǎo hēi
可真甜啊!咦,草莓身上怎么有小黑

diǎn zhè xiē xiǎo hēi diǎn shì shén me ne
点!这些小黑点是什么呢?

cǎo méi shì duō nián shēng de cǎo běn zhí wù chū xià
草莓是多年生的草本植物,初夏

shí kāi huā huā xíng xiàng jù lǒng de xiǎo sǎn yán sè yǒu
时开花,花形像聚拢的小伞,颜色有

白色的，也有红色的。花开时，它的花托逐渐增大并变成肉质的，又酸又甜。我们吃的草莓实际上是它的花托，而不是果实。花托上一粒粒小黑点是草莓真正的果实，草莓的种子就隐藏在小黑点中。

野草莓最初生长在我国东北、朝鲜和俄罗斯。人工栽培的草莓最早出现于欧洲。人工栽培的草莓品质要大大优于野草莓。

医生提示：草莓是很好的开胃水果，但性凉，胃肠功能不佳的人不宜食用过多。草莓也不宜跟含钙、铁高的食物同食，会影响钙和铁的吸收。

·百科知识·

草莓的外观呈心形，鲜美红嫩，果肉多汁，含有特殊的浓郁水果芳香。与此同时，草莓还有巩固齿龈、清新口气、润泽咽喉等功效。

·你知道吗·

草莓营养价值丰富，有着"水果皇后"的美称。其富含的胡萝卜素和维生素A，具有缓解夜盲症，明目养肝的功效。

西红柿,学名番茄,是全世界栽培最为普遍的果蔬之一。

西红柿是水果还是蔬菜?

西红柿鲜红多汁、酸甜适度,无论是洗干净了生吃,还是把它烹饪成各种佳肴,味道都特别好。那西红柿到

底是水果还是蔬菜呢?

1895年,一位英国商人曾经为西红柿是水果还是蔬菜打过官司。当时,这位英国商

人从西印度群岛运一批西红柿到美国。按美国当时的法律，进口水果是免交进口税的，而进口蔬菜必须缴纳10%的关税。

经过审理，最后法官裁定西红柿为蔬菜。原因是西红柿像黄瓜、大豆和豌豆一样，是一种蔓生的果实。它跟菜园中的马铃薯、胡萝卜等一样，可被人们当作饭菜食用。从那以后，多数人都认定西红柿为蔬菜了。

挑选西红柿时，不要挑选有棱角的或感觉分量很轻的，而是应选那种表面有一层淡淡的粉色，而且蒂的部位很圆润的，如果蒂部再带有淡淡的青色，就是最好的。

·百科知识·

西红柿作为一种蔬菜，已被科学家证明含有多种维生素和营养成分，如丰富的维生素C和维生素A，以及叶酸。特别是它所含的番茄红素，对人体的健康更是大有益处。

·你知道吗·

相传，西红柿的老家在秘鲁和墨西哥，原先是一种生长在森林里的野生浆果。当地人把它当作有毒的果子，称之为"狼桃"，只用来观赏，没有人敢吃它。

切完辣椒后，可以用一点食醋搓手，就不辣手了。

辣椒是从哪儿传来的？

là jiāo shì rén men cān zhuōshang de cháng kè tā néng gǎi shàn rén de shí yù tóng
辣椒是人们餐桌上的常客，它能改善人的食欲，同
shí yě shì hán wéi shēng sù zuì duō de shū cài zhī yī
时也是含维生素C最多的蔬菜之一。

là jiāo yòu míng fān jiāo hǎi jiāo yuán chǎn yú zhōng
辣椒又名番椒、海椒，原产于中
nán měi zhōu rè dài dì qū yuán chǎn guó shì mò xī
南美洲热带地区，原产国是墨西
gē shì jì mò gē lún bù fā xiàn měi zhōu
哥。15世纪末，哥伦布发现美洲
zhī hòu bǎ là jiāo dài huí ōu zhōu bìng yóu cǐ
之后，把辣椒带回欧洲，并由此

jiāng là jiāo chuán bō dào shì jiè qí tā de dì fang
将 辣 椒 传 播 到 世 界 其 他 的 地 方 。

jù jì zǎi là jiāo shì míng cháo mò nián chuán rù zhōng guó de là jiāo chuán rù zhōng
据 记 载 ，辣 椒 是 明 朝 末 年 传 入 中 国 的 。辣 椒 传 入 中

guó yǒu liǎng tiáo lù jìng yī shì tōng guò shēng míng yuǎn yáng de sī chóu zhī lù jìn rù xīn
国 有 两 条 路 径 ：一 是 通 过 声 名 远 扬 的 "丝 绸 之 路" 进 入 新

jiāng gān sù shǎn xī děng dì shuài xiān zài xī běi zāi péi èr shì jīng guò mǎ liù jiǎ
疆 、甘 肃 、陕 西 等 地 ，率 先 在 西 北 栽 培 ；二 是 经 过 马 六 甲

hǎi xiá jìn rù zài nán fāng de yún nán guǎng xī děng dì zāi péi rán hòu zhú jiàn xiàng
海 峡 进 入 ，在 南 方 的 云 南 、广 西 等 地 栽 培 ，然 后 逐 渐 向

quán guó kuò zhǎn xiàn zài là jiāo yǐ chéng wéi
全 国 扩 展 。现 在 ，辣 椒 已 成 为

zhōng guó yī zhǒng pǔ biàn zhòng zhí de shū cài
中 国 一 种 普 遍 种 植 的 蔬 菜 。

当你吃辣椒的时候，你会觉得很辣、很热，这时，最好的缓解辣味的食物是牛奶，尤其是脱脂牛奶，其中真正发挥作用的是牛奶中的酪蛋白。

并非所有的辣椒属植物都有辣味，比如甜椒就没有明显辣味。

辣椒为什么会由绿变红？

mā ma zài yáng tái shangzhòng le là jiāo miáo là jiāo miáozhǎng dà jiē le hěn duō
妈妈在阳台上种了辣椒苗，辣椒苗长大，结了很多

lǜ sè de xiǎo là jiāo kě méi guò jǐ tiān lǜ sè de xiǎo
绿色的小辣椒。可没过几天，绿色的小

là jiāo zěn me dōu biànchénghóng sè le ne
辣椒怎么都变成红色了呢？

yuán lái là jiāo nèi bù hán yǒu yè lǜ sù hé là jiāo
原来，辣椒内部含有叶绿素和辣椒

hóng sù dāng yè lǜ sù de hán liàng gāo yú là jiāo hóng sù
红素。当叶绿素的含量高于辣椒红素

shí là jiāo jiù chéng lǜ sè fǎn zhī zé chénghóng sè zài
时，辣椒就呈绿色；反之，则呈红色。在

là jiāo shēngzhǎng de qián qī   là jiāo tǐ nèi yè lǜ
辣椒生长的前期，辣椒体内叶绿
sù de hán liàng bǐ là jiāo hóng sù gāo   suǒ yǐ là
素的含量比辣椒红素高，所以辣
jiāo jiù xiǎn lǜ sè le
椒就显绿色了。

dàn yè lǜ sù yì fēn jiě   yuǎn méi yǒu là
但叶绿素易分解，远没有辣
jiāo hóng sù wěn dìng   suí zhe là jiāo de shēngzhǎng
椒红素稳定。随着辣椒的生长，
yè lǜ sù jiàn jiàn fēn jiě   zhǐ shèng là jiāo hóng sù
叶绿素渐渐分解，只剩辣椒红素，
là jiāo yě jiù biànchénghóng sè de le
辣椒也就变成红色的了。

xiàn zài rén men yǐ jīng péi yù chū le wǔ cǎi
现在人们已经培育出了五彩
jiāo   là jiāo de yán sè yě biàn
椒，辣椒的颜色也变
de fēng fù duō cǎi le
得丰富多彩了。

辣椒在花凋谢后的 2 周～3 周，果实变得青绿便可摘取。当然也可在其变黄或红、完全成熟后摘取。不过，尽量分多次摘取，留较多的果实在植株上，这样可以提高辣椒的产量。

花生又名落花生。它是油料作物，可以用来制造花生油。

为什么花生是地上开花地下结果？

花生原产于南美洲一带，因
huā shēng yuán chǎn yú nán měi zhōu yī dài　　yīn

其营养价值高而被人们称为"植
qí yíng yǎng jià zhí gāo ér bèi rén men chēng wéi　　zhí

物肉"。可为什么花生是地上开
wù ròu　　kě wèi shén me huā shēng shì　dì shang kāi

花地下结果呢？
huā dì xià jiē guǒ ne

其实这是由花生所固有的一种遗
qí shí zhè shì yóu huā shēng suǒ gù yǒu de　yī zhǒng yí

传特性决定的。原来，花生属于闭花植物，就是在不开花的花朵里受精。花生受精后，花托上就会长出紫色的子房柄，子房就在子房柄的顶部。

而花生的子房只有在黑暗的环境里才能膨胀结果。所以，待花生长出子房后，子房柄就会钻到地下，在那里发育，随后结出花生。

花生会引起极其罕见的过敏症。据统计，在英国，每200个人当中，大约就有一个人对花生过敏。虽然部分人只是对花生有轻度过敏反应，但是花生也会令一些人出现过敏性休克。

· 百科知识 ·

花生，又称"长生果"，含有大量的蛋白质和脂肪，比其他坚果的营养价值高，可与肉类食物媲美，有滋养补益、延年益寿的作用。

· 你知道吗 ·

花生存放不当会发霉。发霉的花生中含有大量的黄曲霉素，黄曲霉素有很强的毒性，有致癌作用。因此，我们不能吃发霉的花生。

黄瓜，也称胡瓜或青瓜，为主要的温室作物之一，广泛分布于中国各地。

为什么黄瓜长满了"刺"？

放学回家，果果帮妈妈洗黄瓜的时候，发现黄瓜的身上长了很多尖尖的小刺。妈妈告诉她，黄瓜长刺实际是为了保护自己。

黄瓜全身上下都长有细小的孔。在生长过程中，黄瓜的呼吸和蒸发量都非常大。为了避免叶子或其他别的东西贴近它的身体，阻碍呼吸，黄瓜就长出了很多的小刺用来支开它们。在成熟的季节，如果雨水充足，黄瓜也会变得饱满而少刺。

正因为这样，平时我们买回家的黄瓜，如果不是马上吃掉，就应该给它喷点水，不然黄瓜会因呼吸导致水分蒸发太快而很快蔫掉。

黄瓜原名叫胡瓜，是汉朝张骞出使西域时带回来的。熟的黄瓜是黄色的皮，里头的子很硬。可后来，有人发现黄瓜未熟的时候，吃起来更脆更好吃，人们就习惯吃嫩绿的黄瓜了。

·百科知识·

黄瓜是既好吃又有营养的蔬菜，它的吃法有很多，生食、清炒、腌渍等皆可。黄瓜还含有多种纤维素，如它含有的细纤维素有促进肠道蠕动、改善人体新陈代谢的功能。

·你知道吗·

黄瓜具有神奇的美容功效，含有丰富的生物活性酶，用加工后的鲜黄瓜涂抹皮肤，有润肤去皱的效果。因此，黄瓜又叫作"美容蔬菜"。

菠菜又称波斯草，属耐寒性蔬菜，是长日照植物。

为什么称菠菜为"菜中之王"？

bō cài yuán chǎn bō sī　　shì zài táng cháo shí qī
菠菜原产波斯，是在唐朝时期
chuán rù wǒ guó de　bō cài yīn qí jīng yè róu ruǎn huá
传入我国的。菠菜因其茎叶柔软滑
nèn wèi měi sè xiān　yíng yǎng jià zhí gāo děng tè diǎn
嫩、味美色鲜、营养价值高等特点，
ér shēn shòu rén men de xǐ ài　bèi guàn yǐ cài zhōng zhī
而深受人们的喜爱，被冠以"菜中之
wáng de měi yù
王"的美誉。

bō cài hán yǒu fēng fù de hú luó bo sù wéi
菠菜含有丰富的胡萝卜素、维

生素C、钙、磷等多种营养物质，其中维生素C的含量比西红柿高一倍多，胡萝卜素的含量可与胡萝卜中的相媲美，丰富的铁对人的缺铁性贫血也有很好的改善作用。

因为菠菜含有如此丰富的营养，所以没有任何蔬菜可以取代它的位置。据测算，100克菠菜就能满足人体24小时对维生素C的需求呢！

·百科知识·

菠菜含有丰富的草酸。草酸与钙结合易形成草酸钙，会影响人体对钙的吸收。做菜时，先将菠菜用开水焯一下，可除去大部分的草酸。

·你知道吗·

菠菜属一年生草本植物，其叶子呈椭圆形或箭形，鲜绿色；主根粗壮，味甜；根尾部为圆锥形，呈红色。菠菜生命力顽强，耐寒性强。

相传，乾隆在一农家用饭时，村姑做了个菠菜熬豆腐。乾隆吃后，觉得味道鲜美，当时就封村姑为皇姑，问其菜名，村姑说："金镶白玉板，红嘴绿鹦哥。"从此，菠菜又叫"鹦鹉菜"。

胡萝卜质脆味美，素有"小人参"的美誉。

为什么说胡萝卜营养价值高？

chī fàn shí mā ma zǒng shì huì gěi měi mei jiā hěn duō de hú luó bo hái gào
吃饭时，妈妈总是会给美美夹很多的胡萝卜，还告

su tā hú luó bo yíng yǎng jià zhí gāo duō chī shēn tǐ
诉她，胡萝卜营养价值高，多吃身体

bàng měi mei xiǎng tián tián de hú luó bo zhēn de hěn hǎo
棒！美美想：甜甜的胡萝卜真的很好

chī kě hú luó bo de yíng yǎng jià zhí gāo zài nǎ er ne
吃，可胡萝卜的营养价值高在哪儿呢？

hú luó bo de ròu zhì gēn yì bān wéi yuán zhù xíng
胡萝卜的肉质根，一般为圆柱形，

yǒu hóng sè huáng sè bái sè děng jǐ zhǒng yán sè qí zhōng
有红色、黄色、白色等几种颜色，其中

以红色和黄色居多。胡萝卜主要含有丰富的胡萝卜素、糖类、淀粉，以及维生素B、维生素C等营养物质。每100克红色的胡萝卜中，胡萝卜素含量可达16.8毫克；每100克黄色的胡萝卜中，胡萝卜素含量只有10.5毫克。

而胡萝卜素经消化后，会水解变成双倍的维生素A，能促进身体发育、骨骼生长、脂肪分解等。

白萝卜和胡萝卜虽然都被称为"萝卜"，长得也有点像，却是不同的两种植物。白萝卜开的花是四瓣的，属十字花科植物；而胡萝卜是伞形花序，属于伞形科植物。

南瓜是葫芦科南瓜属
的植物，原产于北美洲。

南瓜有什么妙用？

nán guā shì wǒ men shēng huó zhōng cháng cháng jiàn dào de shí
南瓜是我们生活中常常见到的食
wù rén men kě yǐ bǎ tā zuò chéng kě kǒu de nán guā zhōu
物。人们可以把它做成可口的南瓜粥、
sū ruǎn xiāng tián de nán guā bǐng děng gè zhǒng diǎn xin qí shí
酥软香甜的南瓜饼等各种点心。其实，
nán guā chú le yòng yú chī yǐ wài hái yǒu hěn duō bié de
南瓜除了用于吃以外，还有很多别的
miào yòng
妙用。

zài měi guó wàn shèng jié de nà yī tiān rén men huì
在美国万圣节的那一天，人们会

bǎ nán guā zuò chéng hǎo kàn de zhuāng shì pǐn nán guā dēng zài yìn dù rén men huì
把南瓜做成好看的装饰品——南瓜灯；在印度，人们会

zài dà nán guā shang kāi gè xiǎo dòng lǐ miàn fàng xiē hóu zi ài chī de guǒ zi nà yàng
在大南瓜上开个小洞，里面放些猴子爱吃的果子，那样

kě qiǎ zhù sēn lín li tōu chī zhuāng jia de hóu zi
可卡住森林里偷吃庄稼的猴子

de shǒu qǐ dào fáng dào de zuò yòng
的手，起到防盗的作用。

cǐ wài fēi zhōu de nán guā chéng shú hòu wài
此外，非洲的南瓜成熟后外

pí jiān yìng kě zuò chéng jiù shēngquān wū zī
皮坚硬，可做成“救生圈”；乌兹

bié kè rén yòng xiǎo nán guā zuò bí yān hú běi měi
别克人用小南瓜做鼻烟壶；北美

rén huì yòng nán guā zuò niǎo lóng děng nǐ qiáo nán
人会用南瓜做鸟笼等。你瞧，南

guā de yòng chù hái zhēn shì duō ne
瓜的用处还真是多呢！

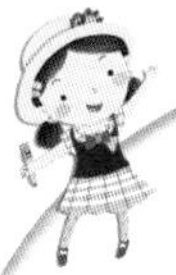

南瓜在中国各地都有栽种。其味甜适口，是夏秋季的蔬菜之一，也可当杂粮或饲料，所以有的地方又称它为饭瓜。南瓜馅饼在美国与加拿大则是感恩节和圣诞节的餐后甜点。

·百科知识·

南瓜子中含有大量磷脂，可作为零食食用。常吃炒熟的南瓜子可有效驱除人体内的寄生虫（绦虫、蛔虫等），还可预防胆结石，防止近视。

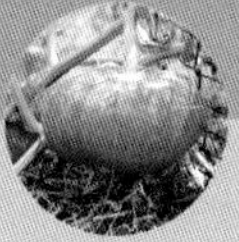

·你知道吗·

万圣节时，买一个南瓜，掏去南瓜的内部，表皮刻成人面形，在里头点上蜡烛，让烛光由镂空处透出来。这样，一个简单的南瓜灯就做成了。

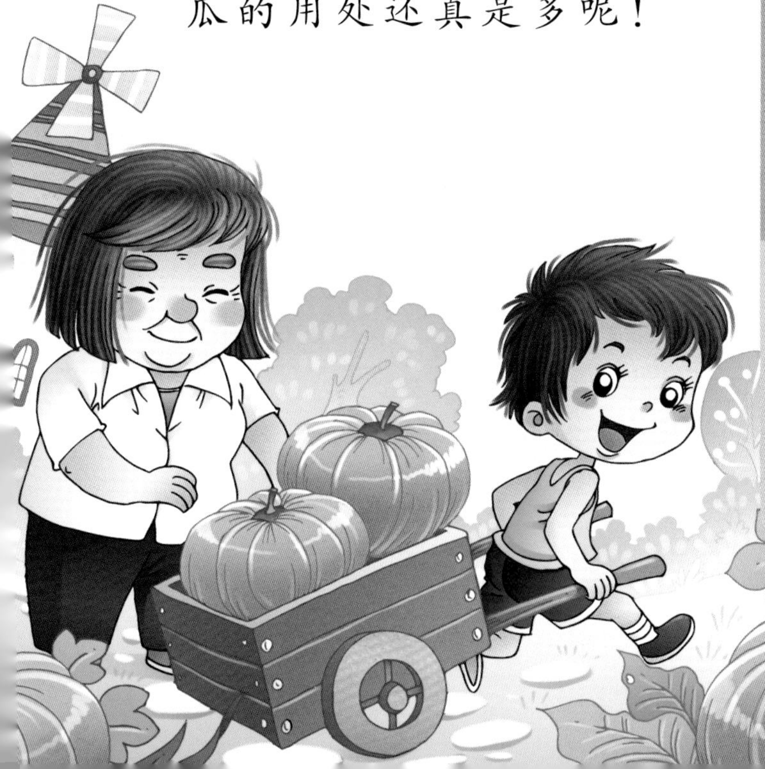

苦瓜除了可做成美味的佳肴外，还可被制成蜜饯。

苦瓜为什么那么苦？

píng shí wǒ men xǐ huan chī de xī guā xiāng guā huáng jīn guā nán guā děng hěn duō
平时我们喜欢吃的西瓜、香瓜、黄金瓜、南瓜等很多

guā lèi shí wù dōu shì tián de kě wéi dú kǔ guā bù tóng tīng míng zi wǒ men jiù zhī
瓜类食物都是甜的，可唯独苦瓜不同，听名字我们就知

dào tā hěn kǔ
道它很苦。

kǔ guā de kǔ wèi qí shí shì yóu liǎng zhǒng
苦瓜的苦味其实是由两种

wù zhì yǐn qǐ de yī zhǒng shì guā lèi zhí wù suǒ
物质引起的：一种是瓜类植物所

tè yǒu de guā kǔ yè sù tā zhǔ yào shì
特有的"瓜苦叶素"，它主要是

▶ **72**

以糖苷的形式存在于瓜中；另一种物质叫"野黄瓜汁酶"。

如果这两种物质同时存在，瓜就会出现苦味，像西瓜和南瓜虽然含有瓜苦叶素，但它们没有野黄瓜汁酶，所以它们都不苦。

我们买回家的苦瓜，可以将其剖开切成丝，然后用凉水漂洗，边洗边用手轻轻捏，这样反复漂洗几次，苦瓜的苦汁流失，苦瓜也就不那么苦了。

人们常称苦瓜为"锦荔枝"，是因为成熟的苦瓜外表会起"皱纹"，黄中透红，像一个大荔枝；而称苦瓜为"君子菜"，是因为它与其他配料组合成菜时，不会把苦味传给它们，有"君子之风"。

·百科知识·

苦瓜含有较多的蛋白质、脂肪和碳水化合物，经常食用可以增强人体的免疫力。夏天吃苦瓜，更有解暑、清心、调节体温的神奇功效。

你知道吗

成熟的苦瓜，皮会变成橙黄色，里面的肉和瓤则会变成鲜红色。不过，肉仍是苦的，但瓤吃起来却是甜的。

食用蘑菇含有非常丰富的营养，是理想的天然食品。

为什么下雨后会长出许多蘑菇？

mó gu xǐ huan shēng zhǎng zài wēn nuǎn cháo
蘑菇喜欢生长在温暖、潮

shī yīn àn de shù lín hé cǎo cóng li qiě yǔ
湿、阴暗的树林和草丛里，且雨

hòu de huán jìng gèng yǒu lì yú tā men de shēng zhǎng
后的环境更有利于它们的生长。

yuán lái mó gu shì dī děng jūn lèi tā
原来，蘑菇是低等菌类，它

shì lì yòng yī zhǒng hěn xiǎo hěn xiǎo de bāo zǐ fán
是利用一种很小很小的孢子繁

zhí hòu dài de zhè zhǒng bāo zǐ zài quē shuǐ de
殖后代的。这种孢子在缺水的

dì fang zhǎng de hěn màn dàn shì rú guǒ zhōu wéi
地方长得很慢，但是，如果周围

yǒu chōng zú de shuǐ tā jiù néng yī xià xī shōu hěn
有充足的水，它就能一下吸收很

duō shuǐ fèn rán hòu xùn sù shēng zhǎng biàn dà
多水分，然后迅速生长、变大。

xià guo yǔ de shù lín dì miàn de shuǐ fèn
下过雨的树林，地面的水分

zēng duō mó gu de bāo zǐ xī shōu dào zú gòu de
增多，蘑菇的孢子吸收到足够的

shuǐ fèn hěn kuài jiù zhǎng dà le yīn cǐ zhè
水分，很快就长大了。因此，这

shí qù shù lín nǐ huì fā xiàn mó gu
时去树林，你会发现蘑菇

tè bié duō
特别多。

　　蘑菇表面的黏液会粘泥沙，不容易洗净，怎么办？办法很简单，在水里加入适量食盐并使其溶解，把蘑菇放到盐水里浸泡一会儿后再洗，泥沙就很容易洗掉了。

人们平时所说的"大蒜"，通常指的是蒜头。

为什么说大蒜是**良药**呢？

dà suàn chú kě zhí jiē shí yòng hé zuò zuò liao zhī wài　　hái shi yī zhǒng hěn hǎo de
大蒜除可直接食用和做作料之外，还是一种很好的

yào wù
药物。

dà suàn néng dǐ yù chuán rǎn bìng　　zhǔ yào
大蒜能抵御传染病，主要

shì yīn wèi dà suàn tóu zhōng hán yǒu yī zhǒng zhí
是因为大蒜头中含有一种植

wù yì jūn jì　　jiào dà suàn sù　　dà suàn sù
物抑菌剂，叫大蒜素。大蒜素

de shā jūn lì jǐ hū shì qīng méi sù de
的杀菌力几乎是青霉素的 100

bèi。能使人腹泻、感冒的各种细菌，不管如何猖狂地肆
虐、侵袭，只要让大蒜汁遇到，在3分钟之内，它们就会
被全部消灭。

研究证明，大蒜包含的药用及保健作用的成分有
100多种，不仅能预防感冒，还有防癌、降低血脂、延缓衰老等作用。所以，它被称为"天然的药物之王"。

大蒜中所含的蒜氨酸无色、无味，但大蒜细胞中还存在一种蒜酶，在食用切割过程中，二者接触形成有强烈辛辣气味的大蒜辣素。这就是大蒜特殊气味的来源。

· 百科知识 ·

大蒜的分类方法有很多：按皮色可分为白皮蒜和紫皮蒜，按蒜瓣的大小分为大瓣蒜和小瓣蒜，按种植方法的不同又可分为青蒜(蒜苗)和蒜黄。

· 你知道吗 ·

相传，古埃及人在修金字塔的工人饮食中每天必加大蒜，用于增加力气、预防疾病。有段时间工人们因大蒜供应中断而罢工，直到法老用重金买回才复工。

水稻原产亚洲热带,在中国广为栽种后,逐渐传播到世界各地。

种水稻为什么要插秧呢?

"锄禾日当午,汗滴禾下土。谁知盘中餐,粒粒皆辛苦。"小朋友读到《悯农》这首诗时,应该会想到农民伯伯弯着腰在田间插秧的情景吧!

通常将稻谷直接播撒到田里,秧苗也能长得很好,但是长到一定程度之后就太拥挤了,所以必须单独育秧再插秧。

把秧苗集中、工整地插入田里,会形成一排排同样间距的稻苗。这样,每株之间有足够的宽度可供叶子伸展,并能照到日光,而地下的根也能好好地伸展,使水稻长得更好。

水稻所结稻粒去壳后,称大米或米。世界上近一半人口都以大米为主食。大米的食用方法多种多样,有米饭、米粥、米饼等。水稻除可食用外,还可酿酒、制糖、做工业原料。

玉米又称苞谷、棒子、粟米，是全世界总产量最高的粮食作物。

玉米为什么会有"胡须"？

晚上，爸爸从外面回来，经过菜场时给宁宁买了一个玉米棒。宁宁拿着玉米棒，发现玉米棒的顶端有很多长长的"胡须"。宁宁很好奇：玉米怎么也长"胡须"呢？

这是由于玉米开花的时候，雌花和雄花不

是长在一起的，雄花长在茎的顶端，而雌花长在茎叶间。雄花的花粉落到雌花上，传粉后的每朵小花都会成为一粒玉米，而雌花的花丝就成了玉米的"胡须"。

小朋友，你可别小看了玉米的"胡须"哟，其实它有很好的药用效果。现代药理研究表明，玉米须含有大量的硝酸钾、维生素K、谷固醇等物质，有降血压、降血糖、止血等作用。

玉米品种有很多，如甜玉米、糯玉米、紫玉米等。紫玉米是一种极为稀有的玉米品种，因其紫黑色玉米粒酷似珍珠，而有"黑珍珠"之称。它品质优良，但棒小粒少，亩产仅50千克左右。

萝卜的品种多,颜色有白、红、青,但以白萝卜最为普遍。

春天的萝卜为什么容易空心?

luó bo shì rén men suǒ xǐ ài de shū cài dōng tiān de luó bo ròu zhì jǐn mì
萝卜是人们所喜爱的蔬菜。冬天的萝卜,肉质紧密

qīng cuì chī qǐ lái hái yǒu diǎn tián dàn dào le chūn tiān luó bo jiù biàn de ròu zhì
清脆,吃起来还有点甜。但到了春天,萝卜就变得肉质

cū cāo kǒu gǎn fá wèi yǒu de hái kōng xīn
粗糙、口感乏味,有的还空心。

yuán lái luó bo zài shēng
原来,萝卜在生

zhǎng chū qī jǐ hū quán bù shì zài
长初期几乎全部是在

zhǎng yè piàn dāng qiū fēn guò hòu
长叶片。当秋分过后,

萝卜的叶子所制造的养分就不断地输送到根部，由根部贮存起来。冬天，萝卜处于"休眠"状态，内部水分不易散失，一些有机物转化成了糖分。因此，这时的萝卜吃起来很甜很脆。

到了春天，萝卜开花需要很多的营养物质，萝卜根部的营养就会被快速地消耗掉，纤维素越来越多。于是，萝卜就变得像棉絮似的，没有了水分，成空心的了。

· 百科知识 ·

白萝卜与人参、西洋参同食会引起不适；与柑橘同食，会诱发甲状腺肥大；与胡萝卜同食则会降低两者的营养价值。

· 你知道吗 ·

萝卜在我国民间被称为"小人参"，有"萝卜进城，大夫关门"的说法；还有一句俗语可表明萝卜的益处："冬吃萝卜夏吃姜，一年四季保安康。"

白萝卜是一种常见的蔬菜，生食、熟食均可。白萝卜含有多种营养物质，包括维生素A、维生素C及芥子油、淀粉酶、粗纤维等。这些养分被吸收后进入血液当中，可促进人体的新陈代谢。

花是由花柄、花托、花萼、花冠、雄蕊群和雌蕊群组成的。

为什么花有各种各样的颜色？

chūn tiān huā yuán li hǎo rè nao wǔ
春天，花园里好热闹，五

yán liù sè de huā dōu jìng xiāng kāi fàng le
颜六色的花都竞相开放了，

hǎo piào liang a kě wèi shén me huā yǒu gè
好漂亮啊！可为什么花有各

zhǒng gè yàng de yán sè ne
种各样的颜色呢？

zhè shì yīn wèi huā de huā bàn li hán
这是因为花的花瓣里含

yǒu huā qīng sù hé hú luó bo sù
有花青素和胡萝卜素。

花青素是一种水溶性色素，可以随着细胞液的酸碱度改变颜色。

当花内部的细胞液显酸性时，花就会呈红色；当细胞液显碱性时，花就会呈蓝色；当细胞液显中性时，花就会呈紫色。

胡萝卜素会使花显现黄色、橙色或者橘红色。而有些花之所以为白色是因为它的细胞里不含任何色素。这样，花就有各种各样的颜色了。

· 百科知识 ·

大花草，又称大王花，是世界上花朵最大的植物，生长于马来半岛及苏门答腊岛等岛屿。大花草无根无茎，是一种寄生植物，其直径大于1米。

· 阅读延伸 ·

"花语"最早起源于古希腊。在希腊神话里记载有爱神出生时创造了玫瑰的故事，玫瑰从那时起就成为了爱情的代名词。

自然界中的黑色花朵极为稀少。科学家对地球上的4000余种花卉进行统计，发现只有8种接近黑色的花：黑郁金香、黑玫瑰、黑百合、黑莲花、墨菊、黑牡丹、黑色雪莲花和黑鸢尾花。

花的形状千姿百态，大约25万种绿色开花植物中，就有25万种不同形状的花。

高山上的花为什么特别艳丽？

nǐ dào guo jǐ qiān mǐ gāo de shānshang ma　　nà
你到过几千米高的山上吗？那

lǐ suī rán hán lěng wú bǐ　　què réng rán shēng
里虽然寒冷无比，却仍然生

zhǎng zhe xǔ duō zhí wù　　bìng qiě　　kāi zài
长着许多植物；并且，开在

gāo shānshang de huā duǒ kàn shàng qù tè bié yàn
高山上的花朵看上去特别艳

lì　　zhè shì wèi shén me ne
丽。这是为什么呢？

gāo shānshangkōng qì xī bó　　yángguāng
高山上空气稀薄，阳光

高山花卉是指分布在海拔3000米以上高山或高原上的花卉，在我国的西藏、云南、四川、青海、新疆等省和自治区都有分布。高山花卉花型、花色各异，艳丽而多姿。

中的紫外线比平地上的要强烈得多。紫外线的增多对植物的生存是很不利的。

高山上的花在这种严峻的生存环境下，经过长期的适应，产生了大量的胡萝卜素和花青素。胡萝卜素和花青素的增多不仅能大量吸收紫外线，还能丰富植物的色彩，使植物呈现各种不同的颜色。由此，高山上的花开得特别艳丽。

·百科知识·

在众多的高山植物"居民"中，最多的是各种各样的龙胆花和报春花。它们开着蓝色和紫红色的花，把高山打扮得格外美丽。

你知道吗

杜鹃花，俗名"映山红"。它是一种能在高山上生存的花。其花瓣有酸味，可以食用，不过一次不宜食用过多，否则会引起鼻出血。

花因其颜色鲜艳、香味淡雅而深受人们的喜爱。

花的香味是怎么产生的?

我们在欣赏盛开的鲜花时,往往还能闻到它们的香味。比如玫瑰花花香浓郁,兰花花香清新。可你知道花的香味究竟是怎么产生的吗?

原来,花的花瓣中有许多油细胞,油细胞能分泌出有香气的芳香油,芳香油很容易挥

fā 发。当花开的时候，芳香油就会随着水分一起散发出来，这就是我们闻到的花香。

有些花的花瓣中没有油细胞，但它们的细胞中含有一种叫作"配糖体"的物质。配糖体本身没有香味，但它经过酵素分解的时候也能够散发出扑鼻的香味。

现在，人们能提取花瓣中的芳香油，并把它制成各种香味的香水。

不同的花有不同的香味，也有不同的功能。如百合花香能使人兴奋，但久闻会使人头晕。菊花和薄荷的香味，可使人思维清晰、反应灵敏。茉莉花香能使人心情愉悦。

牵牛花，别名喇叭花，花的颜色有蓝、绯红、桃红、紫等。

牵牛花为什么只在早上开花？

^{yáng tái shang de qiān niú huā xiàng yī gè gè táo hóng sè de xiǎo lǎ ba zhēn kě}
阳台上的牵牛花像一个个桃红色的小喇叭，真可

^{ài kě ràng yáng yang jué de qí guài de shì zěn}
爱！可让杨杨觉得奇怪的是：怎

^{me qiān niú huā zhǐ zài zǎo shang kāi huā ne}
么牵牛花只在早上开花呢？

^{yuán lái zǎo chen de kōng qì bǐ jiào shī rùn}
原来，早晨的空气比较湿润，

^{yáng guāng róu hé zhè yàng de wài jiè tiáo jiàn duì qiān}
阳光柔和，这样的外界条件对牵

^{niú huā zuì wéi shì yí dāng qiān niú huā tǐ nèi de}
牛花最为适宜。当牵牛花体内的

shuǐ fèn chōng zú shí tā de huā duǒ jiù huì zhàn
水分充足时，它的花朵就会绽
fàng ér jiǔ shí diǎn zhōng yǐ hòu yángguāng yuè
放。而九、十点钟以后，阳光越
lái yuè qiáng liè kōng qì yuè lái yuè gān zào jiāo
来越强烈，空气越来越干燥，娇
nèn de qiān niú huā huā duǒ huì yīn wèi quē shǎo shuǐ
嫩的牵牛花花朵会因为缺少水
fèn ér juǎn qǐ lái dì èr tiān zài kāi
分而卷起来，第二天再开。

qí cì qiān niú huā wéi chóng méi huā
其次，牵牛花为"虫媒花"，
xū yào mì fēng hú dié lái chuán bō huā fěn ér
需要蜜蜂、蝴蝶来传播花粉，而
mì fēng hú dié xǐ huan zǎo chen huó dòng zhè yě
蜜蜂、蝴蝶喜欢早晨活动，这也
shì qiān niú huā zài zǎo shang kāi huā de yuán yīn
是牵牛花在早上开花的原因。

牵牛花又叫"勤娘子"。清晨在屋前屋后，它会开出一朵朵喇叭似的花。人们一边呼吸清新的空气，一边观赏点缀于绿叶丛中的那些美丽鲜花，真是别有一番情趣。

91

月季被评为我国十大名花之一。

为什么把月季尊为"花中皇后"？

月季是我国的传统名花，其花容秀美、色彩丰富、香味浓郁。但它长了一身尖刺，让人只能欣赏它高贵的姿容，却不能轻易靠近。因此，它有了"花中皇后"的称号。

虽然月季贵为"皇后"，可它并

bù shì jiāo qì de huā huì　tā de shì yìng néng lì
不是娇气的花卉，它的适应能力
hěn qiáng　nài hán nài hàn　duì tǔ rǎng yāo qiú bù
很强，耐寒耐旱，对土壤要求不
gāo　yīn cǐ　zài shì jiè gè guó　wǒ men dōu
高。因此，在世界各国，我们都
néng kàn dào tā měi lì de shēn yǐng
能看到它美丽的身影。

yuè jì pǐn zhǒng fán duō　kě fēn wéi zhuàng huā
　　月季品种繁多，可分为壮花
yuè jì　xiāng shuǐ yuè jì　wēi xíng yuè jì　fēng huā
月季、香水月季、微型月季、丰花
yuè jì　téng běn yuè jì hé guàn mù yuè jì děng duō
月季、藤本月季和灌木月季等多
gè pǐn zhǒng　yuè jì de huā sè yě duō yàng　bù
个品种。月季的花色也多样，不
jǐn yǒu hóng sè　bái sè　zǐ sè děng dān sè yuè jì　ér qiě hái yǒu biàn sè yuè jì
仅有红色、白色、紫色等单色月季，而且还有变色月季
hé fù sè yuè jì
和复色月季。

　　月季与玫瑰形色相近，不同的是：月季的刺与表皮一起可以掰下，而玫瑰的刺是针刺，用手取不下来；单朵月季花期超过两天，单朵玫瑰花期不足两天；月季常开，玫瑰仅开一季。

蜡梅，又名黄梅花、雪里花、蜡花、巴豆花、雪梅、寒梅和早梅等。

为什么蜡梅能在冬天开放？

hán lěng de dōng tiān　là méi guāng tū tū de zhī tóu huì kāi chū yī duǒ yī duǒ jīn
寒冷的冬天，蜡梅光秃秃的枝头会开出一朵一朵金

huáng sè de xiǎo huā　zhè wú yí wèi dà xuě fēn
黄色的小花，这无疑为大雪纷

fēi de dōng jì zēng tiān le yī dào liàng lì de fēng
飞的冬季增添了一道亮丽的风

jǐng　kě nǐ zhī dào wèi shén me là méi néng zài
景。可你知道为什么蜡梅能在

dōng tiān kāi fàng ma
冬天开放吗？

nà shì yīn wèi bù tóng de huā yǒu bù tóng
那是因为不同的花有不同

的生长季节和开花习惯。

蜡梅原产于我国中部，性喜阳、耐旱且有一定的耐寒能力。

蜡梅最适宜的开花温度在0℃左右，而冬天的气温正好适合它的开花温度，所以蜡梅就在冬天开放了。

也正因为蜡梅开放在寒冬腊月，又芳香宜人，所以它在我国古代社会有着很高的评价。

蜡梅为蜡梅科蜡梅属，而梅花为蔷薇科李属。蜡梅大多冬天开放，而梅花大多春天开。因两者都有一个"梅"字，都先开花后长叶，具有芳香气味，所以常常被人误认为是同种。

菊花，别名寿客、金英、黄华、秋菊等，原产于我国。

菊花为什么千姿百态？

深秋时节，我国的很多地方都会举办菊花展览会，在那儿我们能看到黄、橙、红、绿、紫等颜色各异的菊花，绚丽多彩地绽放。

其实，菊花的老祖宗只是一朵小小的黄花，但是它

的花芽会发生遗传性的变异，称为"芽变"。利用芽变可以培养出许多新品种来。例如，把紫红菊花的花粉传到白菊花上，便会开出带有紫、红、白等多种颜色的菊花。

在自然环境下，蜜蜂、蝴蝶和风都能进行这种"杂交"工作。现在人们用射线来使菊花发生基因突变，也使菊花的品种增多。据记载，宋朝年间我国的菊花只有26个品种，而随着培育技术的提高，现在品种数量剧增，已增加到数千余种。

菊花的千姿百态让人喜爱。我国历代都有赏菊活动：南宋时期，每年在宫廷中举行菊花赛会、点菊花灯、展览名菊和饮酒赏菊等。

·百科知识·

在大地披霜的深秋季节，菊花竞相开放，丝毫不惧寒冷。这是因为菊花植株里含有很多的糖分，能够提供足够的能量，使它们在寒冷的天气里也能顽强生长。

你知道吗

菊花不仅有观赏价值，而且药食兼优，有良好的保健功效，可以做成菊花酒、菊花粥、菊花糕和菊花枕，最常见的是做成菊花茶。

牡丹,又叫木芍药、谷雨花、洛阳花、富贵花,是芍药属落叶小灌木。

为什么称牡丹为"花中之王"?

相传,武则天在御花园赏花时,下过一道命令,让所有的花在一夜之间开放。结果所有的花都开了,唯独牡丹不被其气势所逼迫,没有开花。后人赞誉牡丹,便称它为"花中之王"。

牡丹是我国特有的名贵花卉,

yīn qí huā dà sè
因其花大色

yàn fù lì duānzhuāng
艳、富丽端庄、

fāng xiāng nóng yù ér
芳香浓郁，而

yī zhí wéi rén men suǒ
一直为人们所

xǐ ài
喜爱。

·百科知识·

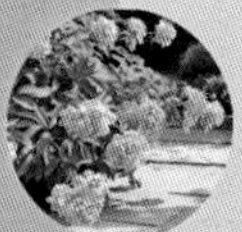

牡丹和芍药的区别：牡丹是木本植物，芍药是草本植物；牡丹一般在4月中下旬开花，芍药则在5月上中旬开花；牡丹叶片宽，而芍药叶片狭窄；牡丹比芍药花色丰富。

·你知道吗·

自古有“洛阳牡丹甲天下”之说，洛阳牡丹无疑是最优的。其中的两个传统名种——开黄花的姚黄和开紫花的魏紫，到现在还是花冠群芳。

cǐ wài mǔ dan de pǐn zhǒng fán duō yán sè fēng fù yǒu hóng mǔ dan bái mǔ
此外，牡丹的品种繁多，颜色丰富，有红牡丹、白牡

dan zǐ mǔ dan huáng mǔ dan hái yǒu hǎn jiàn de hēi mǔ dan hé lǜ mǔ dan
丹、紫牡丹、黄牡丹，还有罕见的黑牡丹和绿牡丹。

zài bǎi huā qí fàng de chūn tiān li mǔ dan chéng le yī dào zuì
在百花齐放的春天里，牡丹成了一道最

liàng lì de fēng jǐng rén men xǐ huan tā bǎ tā shì wéi fù guì jí
亮丽的风景，人们喜欢它，把它视为富贵吉

xiáng fán róng xīng wàng de xiàngzhēng
祥、繁荣兴旺的象征。

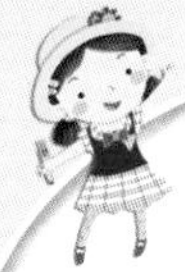

牡丹五彩缤纷、雍容华贵，被誉为“国色天香”。如唐诗赞它“佳名唤作百花王”，又如宋词《爱莲说》中写有“牡丹，花之富贵者也”。

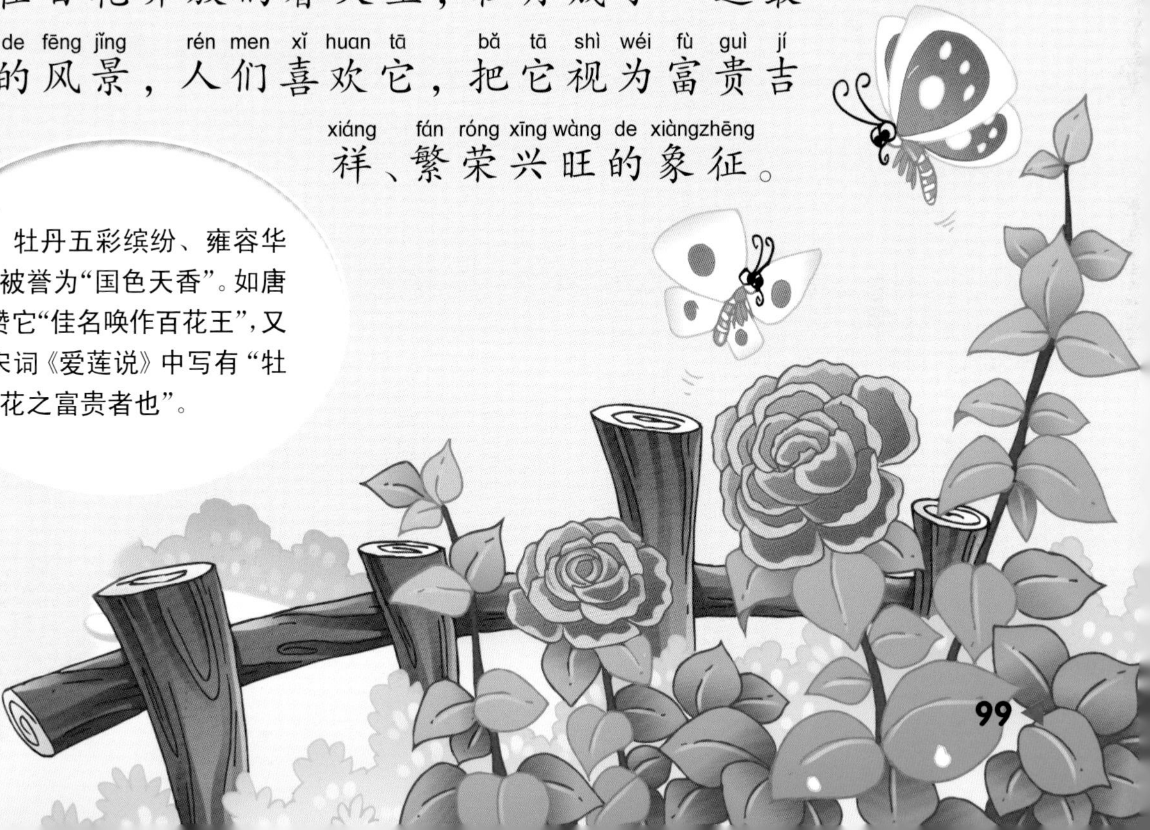

莲花是中国十大名花之一，也是印度的国花。

莲花为什么能"出淤泥而不染"？

chū yū ní ér bù rǎn chū zì běi sòng xué zhě zhōu dūn yí de ài lián shuō
"出淤泥而不染"出自北宋学者周敦颐的《爱莲说》。

shuō de shì lián huā cóng yū ní li zhǎng chū lái què néng bù
说的是，莲花从淤泥里长出来却能不

zhān rǎn wū huì píng shí wǒ men kàn dào de lián huā cóng yū
沾染污秽。平时我们看到的莲花从淤

ní li zhǎng chū lái què shí bù huì zhān rǎn ní ba ér qiě
泥里长出来，确实不会沾染泥巴，而且

biǎo miàn hái hěn guāng jié zhè shì wèi shén me ne
表面还很光洁。这是为什么呢？

yuán lái lián huā hé lián yè de biǎo miàn fù gài zhe
原来，莲花和莲叶的表面覆盖着

莲花在其表面有一层密密的小茸毛,含有像蜡一样的物质。当雨水或露水落在莲叶上,水滴不易散开,就形成了颗颗水珠。

・你知道吗・

莲花有很多的象征意义:莲花与牡丹花一起,叫"荣华富贵";莲花和鹭鸶,叫"一路荣华";莲蓬加上莲子,则叫"连生贵子"。

一层蜡质结晶,并有许多乳头状的突起,这些突起的内部充满了空气。正是这些结构挡住了污泥浊水的渗入。

当花芽和叶芽从污泥中抽出来时,即使有些污泥附在芽上,由于芽表面有蜡质薄膜,在迎风摇摆中,污泥也早已被吹掉了。

莲花的全株都有利用价值。如其根茎莲藕含有蛋白质、淀粉和维生素C,可当水果生吃或用于做汤、炒菜;莲叶可用于蒸荷叶饭;而莲子可做成莲子汤。

向日葵，别名太阳花，原生
于北美洲，是俄罗斯的国花。

为什么说向日葵是
"太阳的守护者"？

xiǎo péng yǒu rú guǒ nǐ zǐ xì guān chá jiù
小朋友，如果你仔细观察，就

huì fā xiàn xiàng rì kuí de huā pán shì yī zhí xiàng zhe
会发现向日葵的花盘是一直向着

tài yángshēngzhǎng de jiù hǎo xiàng tài yáng de shǒu hù
太阳生长的，就好像太阳的守护

zhě yī yàng
者一样。

zài yángguāng de zhào shè xià shēngzhǎng sù zài
在阳光的照射下，生长素在

向日葵背光一面的含量升高，刺激背光面细胞生长、拉长，从而慢慢地向着太阳转动。在太阳落山后，生长素重新分布，又使向日葵慢慢地转回起始位置。

但是，向日葵的花盘盛开后，由于花粉害怕高温，为避免下午强烈阳光的直射，花盘就会停止向着太阳转动，并固定朝着东方了。

向日葵是一年生菊科向日葵属植物。其外形酷似太阳，花朵明亮大方，适合观赏摆饰。它的种子有经济价值，可做成受人喜爱的葵花子，还可榨出低胆固醇的食用葵花子油。

·百科知识·

荷兰后印象派画家凡·高，一生共创作了 11 幅《向日葵》。他以《向日葵》中的各种花姿来表达自我。凡·高笔下的向日葵不仅是植物，还是带有热情的生命体。

·你知道吗·

向日葵的种子，又称"葵花子"。在生活中，葵花子是很受人们喜爱的休闲零食。秋季将花托摘下，收集成熟的种子晒干，吃的时候除去果壳。

竹子不断生长，直到包裹着竹节的鞘脱落后，才会停止生长。

竹子为什么会长成一节一节的？

竹子是多年生草本植物，与小麦和水稻是表兄弟，都属于禾本科。禾本科植物茎的内部都是空的，这种茎不像一般植物的茎那样越长越粗。对竹子来说，一般是从地里长出来的竹笋有多粗，长成的竹子就有多粗；同样，从竹笋是竹子的幼芽。它肥嫩的茎芽、鞭梢都能食用。竹笋长大后变成竹子就不能食用了。竹笋含有天冬素，对人体有滋补作用。

竹子不像树木那样会继续长粗。它能有多粗呢？江西奉新县的一棵大毛竹，从地面根部到竹梢高22米，地面围粗71厘米，可算是"毛竹之王"了。

地里长出来的竹笋有多少节，长成的竹子就有多少节。

竹子的生长就是长高，为了增加茎的强度，茎上就长出了很多节，而且长节的地方都是实心的，很坚硬结实。

这下你知道了吧，竹子长成一节一节的，是对自己生长采取的一种保护措施。

竹子的弹性很好，抗拉力和承重力是一般树木的很多倍，是非常好的制作和建筑材料。所以，竹子与我们的生活息息相关，如家中的竹地板、竹席、竹椅等，都是用竹子做成的。

竹子不是树，是一种高大的草类植物。

竹子的茎为什么是空心的？

zài rì chángshēng huó zhōng wǒ men huì fā xiàn hěn duō yòng zhú zi zuò de dōng xi
在日常生活中，我们会发现很多用竹子做的东西：

bǐ rú kě chuī chū měi miào yīn yuè de dí
比如可吹出美妙音乐的笛

zi diāo kè de hěn piào liang de bǐ tǒng
子，雕刻得很漂亮的笔筒，

chéngzhuāngxiāng pēn pēn mǐ fàn de zhú tǒng děng
盛装香喷喷米饭的竹筒等。

ér zhè xiē dōng xi dōu lì yòng le zhú zi kōng
而这些东西都利用了竹子空

xīn de tè diǎn nà nǐ zhī dào wèi shén me
心的特点。那你知道为什么

竹子的茎是空心的吗？

其实，竹子的茎最初跟别的植物一样，也是实心的。但是，在长期的进化过程中，其茎中心的髓逐渐消失，茎渐渐变成空心的了。

竹子长得又细又高，看上去很容易被大风吹断。但由于它的茎是空心的、节是实心的，形成了一种"工"字结构，能支撑较大的力量，所以竹子才不容易被折断。

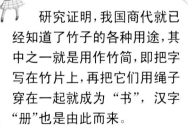

研究证明，我国商代就已经知道了竹子的各种用途，其中之一就是用作竹简，即把字写在竹片上，再把它们用绳子穿在一起就成为"书"，汉字"册"也是由此而来。

107

含羞草为豆科多年生草本，又名感应草、害羞草、见笑草等。

含羞草为什么会"害羞"？

花一般都在尽力向人们展现它最美的一面，然而，含羞草不同，碰一下，叶片就会马上合拢起来。这是怎么回事呢？

原来，含羞草叶柄基部有一个凸起的薄壁细胞组织——叶枕。叶枕里充满水分，经常涨得鼓鼓的，保持着很大的压力，而且下半部分比上半部分压力要大些。因此，用手指碰一下含羞草，叶子受到震动，叶枕下部细胞里的水分就会立即向上部和两侧流去。

于是，叶枕下部凹陷，上部鼓起来，叶子相互合拢，叶柄低垂下去，就好像害羞似的。

在地震多发的日本，科学家研究发现，在正常情况下，含羞草的叶子白天张开，夜晚闭合。如果含羞草叶片出现白天闭合、夜晚张开的反常现象，便是发生地震的先兆。

· 百科知识 ·

含羞草适应性强，喜温暖、湿润的气候，对土壤要求不高；喜光，但又能耐半阴，且没有明显的地域区分，故可作室内盆花赏玩植物。

你知道吗

含羞草可入药，有安神镇静、止血收敛、散淤止痛的作用。但它体内的含羞草碱是一种有毒物质，人体过度接触后会使毛发脱落。

蒲公英又名黄花地丁,是药食兼用的植物。

蒲公英为什么会"漫天飞舞"?

夏天的时候,我们在郊外经常会看到许许多多像绒毛一样的东西四处飘散,就像冬天里白雪漫天纷飞的景象,美极了!这些白色的绒毛是什么呢?原来,这是蒲公英在传播种子。

chūn tiān dào le   pú gōng yīng de huā duǒ jiù
春天到了,蒲公英的花朵就

huì biàn chéng xiǎo guǒ shí   ér qiě měi lì guǒ shí shang
会变成小果实,而且每粒果实上

dōu huì zhǎng chū yī céng bái róng máo   tā men hù
都会长出一层白绒毛。它们互

xiāng jǐ zài yī qǐ   jù chéng yī gè yuán liū liū de
相挤在一起,聚成一个圆溜溜的

bái róng qiú   zài fēng er de bāng zhù xià   bái róng
白绒球。在风儿的帮助下,白绒

máo huì dài zhe guǒ shí suí fēng piāo dào hěn yuǎn de
毛会带着果实随风飘到很远的

dì fang
地方。

jiù zhè yàng   pú gōng yīng bǎ zì jǐ de hòu
就这样,蒲公英把自己的后

dài chuán bō dào le   sì miàn bā fāng
代传播到了四面八方。

· 你知道吗 ·

蒲公英的英文名字源于法语,意思是"狮子的牙齿",这是因为蒲公英叶子的边缘形状像是狮子的一嘴尖牙。

· 阅读延伸 ·

据报道,以色列运用纳米技术制造出一种类似蒲公英的电子纤维,直径大约只有头发丝的千分之一,却能够有效拦截雷达引导的导弹。

蒲公英是人工引进美洲和澳大利亚的,其生命力强,在当地遍地开花。在花园里,人们常把它当杂草去除,但孩子们却以吹散蒲公英为乐。

在古代中国,有"天圆地方"的说法。

晴朗时,天空为什么是蓝色的?

shéi dōu zhī dào tiān kōng shì lán sè de　dàn wèi bì rén rén dōu zhī dào wèi shén me
谁都知道天空是蓝色的,但未必人人都知道为什么

tiān kōng shì lán sè de
天空是蓝色的。

qí shí　tài yáng shì lán sè tiān kōng de zhì
其实,太阳是蓝色天空的制

zào zhě　tài yángguāng shì yóu hóng chéng huáng　lǜ
造者。太阳光是由红、橙、黄、绿、

lán diàn　zǐ qī zhǒng yán sè gòng tóng zǔ chéng de
蓝、靛、紫七种颜色共同组成的

fù hé guāng
复合光。

空气中有许多"障碍物"，例如尘埃、气体等。波长较长的红、黄等光穿过了这些"障碍物"；而波长短的蓝、靛等光无法穿过"障碍物"，就像乒乓球一样，在各种"障碍物"之间被推来推去，在大气层中形成了散射光。这种蓝色、靛色的散射光在大气中无处不在，所以天气晴朗时，天空看起来就是蓝色的了。

人们可从天空观测到气象或天文现象，从而得知时间的流逝和天气变化：日出日落可知道一日的时间，月亮的盈亏可知道一个月的时间，云的厚度和形状可以知道是否下雨等。

·百科知识·

在地球上，晴朗的白天，天空是蓝色的；日出和日落时，天空偏红色。在天空中还可以观看到许多美丽的天文现象，如彩虹、极光等。

·你知道吗·

除了天空是蓝色的以外，大部分海水看上去也是蓝色的。蓝光虽然也有一部分被海水吸收，但是大部分被散射或反射回去了。

有着蓝天白云的天气，适合人们进行户外活动。

蓝天有多高呢？

晴朗的时候，我们看到的天空是蓝色的，那你知道蓝天有多高吗？

我们知道天之所以是蓝色的，是因为包裹着地球的大气反射了太阳光中的蓝色光所形成的。

而"蓝天"指的是包裹在地球表面的大气层。大气层是包

wéi zhe dì qiú de kōng qì   dà qì céng yǒu duō hòu   lán tiān jiù yǒu duō gāo
围着地球的空气。大气层有多厚，蓝天就有多高。

zài dì miàn yǐ shàng de bù tóng gāo dù   kōng qì mì dù shì bù yī yàng de   yuè
在地面以上的不同高度，空气密度是不一样的。越

kào jìn dì qiú biǎo miàn   kōng qì mì dù yuè dà   dà qì céng kě fēn wéi   céng   dàn
靠近地球表面，空气密度越大。大气层可分为5层，但

jué dà bù fen kōng qì dōu jí zhōng zài cóng dì miàn dào   qiān mǐ gāo zhī jiān de dì fang
绝大部分空气都集中在从地面到15千米高之间的地方，

yuè wǎng gāo chù kōng qì jiù yuè xī bó
越往高处空气就越稀薄。

美文美句：海边的天空是可爱的，明丽的蔚蓝色，流动的彩云在空中随风起舞。彩云随着早、中、晚时间的变化，不断变换着颜色，时而金黄，时而洁白，时而像火一样红。

· **百科知识** ·

平流层距离地球表面大概20千米~50千米，大气不对流，以平流运动为主，基本上没有水汽，晴朗无云，很少发生天气变化。因此平流层适于飞机航行。

· **你知道吗** ·

臭氧主要密集在离地面20千米~50千米的高空，即臭氧层。臭氧层对保护地球上的生命以及调节地球的气候都具有极为重要的作用。

晚上是指日落后至第二天日出前的时间。

为什么晚上天会变黑？

dāng tài yáng cóng xī fāng luò xià de shí hou hēi yè jiù qiāo qiāo lái lín le rén
当太阳从西方落下的时候，黑夜就悄悄来临了。人

men zhǐ yǒu dǎ kāi dēng cái néng kàn qīng zhōu wéi
们只有打开灯才能看清周围

de dōng xi bù rán dào chù qī hēi yī piàn
的东西，不然到处漆黑一片，

shén me dōu kàn bù dào kě shì wèi shén me
什么都看不到。可是为什么

huì zhè yàng ne
会这样呢？

qí shí zhè shì dì qiú yǐ dì zhóu
其实，这是地球以地轴

为中心不停自转的结果。因为地球不停地从西向东自转，一天转一圈，所以地球总是一半向着太阳，而另一半背对着太阳。

向着太阳的半球接收到阳光，就是白天。而我们所处的地方如果是背对太阳，没有阳光，也就是晚上，天就黑了下来。

美文美句：夜凉如水，淡淡的月光洒在斑驳的树影上；清风徐来，湖边的垂柳摇曳生姿。湖面倒映，调皮的星星正眨呀眨地对着羞涩的月儿笑。

· 百科知识 ·

晚上 7 点前后是空气污染较为严重的时刻。此时气温降低，空气中积聚的尘埃、污染物不易被空气流动带走和扩散，而是滞留在近地面。

· 阅读延伸 ·

古代没有充足的户外照明系统，晚上人们在家里休息不出门，即"日出而作，日落而息"。现在电力照明技术发达，人们常在晚上进行交际活动。

雨是一种自然现象，表现为从天而降的雨滴。

天为什么会下雨？

"哗啦啦，哗啦啦……"下雨了。点点赶紧跑到阳台，把晒在外面的衣服收回了家。让他觉得奇怪的是，刚刚天气还很晴朗，这会儿竟下雨了，为什么天会下雨呢？

这是因为地面上的江、湖等受到阳光的照射，水受热变

成水蒸气，蒸发到空中后，遇到冷空气便凝结成无数的小水滴或冰晶。无数微小的水滴或冰晶聚集在一起形成了云。

组成云的小冰晶在气流的作用下相互碰撞、合并，不断增大。上升的气流托不住它们，它们就会往下落。当它们接近地面时，由于地面温度较高，它们就会化成水珠，形成雨降到地面上。

问：雨的好处有哪些？

答：雨是绝大多数远离河流的陆生植物补给淡水的唯一来源。它还能够吸附空气中的灰尘、降低气温、稀释有毒物质、净化环境。

彩虹,又称天虹,是气象中的一种光学现象。

为什么雨后的天空会出现彩虹?

nǐ jiàn guo cǎi hóng ma　　tā wān wān de xiàng yī zuò qī cǎi qiáo　　wèi shén me
你见过彩虹吗?它弯弯的像一座七彩桥。为什么

yǔ hòu de tiān kōng zhōng huì guà zhe zhè yàng yī zuò měi lì de　　qī
雨后的天空中会挂着这样一座美丽的"七

cǎi qiáo　ne　　tā shì zěn yàng xíng chéng de　　ràng wǒ
彩桥"呢?它是怎样形成的?让我

men dài zhe zhè xiē wèn tí qù tàn gè jiū jìng ba
们带着这些问题去探个究竟吧!

cǎi hóng shì yī zhǒng zì rán xiàn xiàng　shì
彩虹是一种自然现象,是

yáng guāng zhào shè dào kōng qì zhōng de shuǐ dī　guāng
阳光照射到空气中的水滴,光

线发生反射和折射造成的。

下雨时或下雨后，空气中充满了无数个能使阳光发生光线偏折的水滴。当阳光穿过这些水滴时，不仅改变了前进的方向，同时也被分解成红、橙、黄、绿、蓝、靛、紫七色光。

这时，如果我们观看的角度适宜，就能够看到美丽的彩虹了。

在一阵急骤的阵雨之后，和火红的太阳争艳的是条光芒万丈的彩虹，彩虹从华莹山凌空而起，弯向远方的天空。

——茅盾《虹》

· 你知道吗 ·

有一个经常可以见到彩虹的地方，就是瀑布附近。还有，在晴朗的天气下，背对阳光在空中洒水或喷洒水雾，亦可以制造人工彩虹。

· 阅读延伸 ·

在中国神话中，女娲炼五色石补天，彩虹即五色石发出的彩光。在西方希腊神话中，彩虹是沟通天上与人间的使者。在印度神话中，彩虹是雷电神"因陀罗"的弓。

星星，一般是指夜晚
天空中闪烁发光的天体。

白天，星星都跑哪儿去了？

晴朗的夜空，我们总能看到很多星星在天上一闪一闪地眨眼睛，可有趣了。可是，为什么到了白天，一颗星星都看不到？星星们都跑哪儿去了呢？

你知道吗？许多星星是一天到晚都会发光的，可它们离我们较远，所以我们

kàn dào de xīng guāng yě jiù jiào ruò le
看到的星光也就较弱了。

bái tiān yáng guāng tōng guò dà qì céng shí
白天，阳光通过大气层时，

dà qì sǎn shè le tài yáng de yī bù fen guāng xiàn
大气散射了太阳的一部分光线，

tiān kōng xiǎn de fēi cháng de míng liàng zài zhè yàng
天空显得非常的明亮。在这样

de bèi jǐng xià xīng xing jiào ruò de guāng xiàn zì rán
的背景下，星星较弱的光线自然

bèi yáng guāng gěi zhē zhù le suǒ yǐ bái tiān wǒ
被阳光给遮住了。所以，白天我

men yě jiù kàn bù dào xīng xing le
们也就看不到星星了。

dàn rú guǒ wǒ men yòng tiān wén wàng yuǎn jìng
但如果我们用天文望远镜

guān cè wàng yuǎn jìng de tǒng bì kě yǐ dǎng zhù dà qì sǎn shè
观测，望远镜的筒壁可以挡住大气散射

de dà bù fen yáng guāng nà yàng zài bái tiān yě néng kàn dào xīng xing
的大部分阳光，那样在白天也能看到星星。

我望着那许多认识的星，我仿佛看见它们在对我霎眼，我仿佛听见它们在小声说话。这时我忘记了一切。在星的怀抱中我微笑着，我沉睡着。

——巴金《繁星》

狮子座流星雨,33年出现一次流量高峰,峰期每小时流量可达上百颗。

流星飞过,星星会不会变少?

夜晚的天空,我们常常能看到一条亮线一闪而过,随后消失得无影无踪,这就是流星。流星虽然也叫"星",但并不是我们平常看到的星星,所以,流星降落并不会使天上的星星变少。

夜空中一闪一闪的星星绝大多数都是恒星，或是那些向恒星"借光"的行星，它们是不会掉下来的。流星相对于恒星来说，只是一些散布在太空里的尘埃颗粒。平时，我们在地球上看不见，但它们有时会闯入地球的运行轨道。所以，即使是成千上万颗流星飞过夜空，天上的星星也不会少一颗。

1976年3月8日，我国吉林省吉林市附近，发生了一次罕见的陨石雨。其中落下的最大一块陨石被称作"吉林1号"，它重1.77吨，是世界上最大的石陨石。

· 百科知识 ·

彗星在长时间绕太阳运行时，会将一些碎屑般的物质撒在自己的轨道上，成为流星群。当地球从流星群穿过时，流星就出现得像下雨一样，叫流星雨。

· 你知道吗 ·

那些比较大的流星，没有烧完的残余部分会落到地面上，成为陨石。陨石按所含成分的不同，通常可分为石陨石、铁陨石和铁石陨石三大类。

125

月亮,古时又称太阴、玄兔。

为什么月有"阴晴圆缺"？

人们常常用"人有悲欢离合,月有阴晴圆缺"来形容世间的离别。这里的"圆缺"就是指月相变化。可你知道为什么会出现这样的变化吗?

原来,月球本身是不会发光的,它的光是对太阳光的反射。当地球和月球一起绕太阳旋转时，月球向着太阳的半个球面是亮区，另外半个球面是暗区。随着月球相对于地球和太阳的位置变化，使得它被太阳照亮的一面有时面向地球，有时背对地球；月球面向地球的部分有时大一些，有时小一些。这也就形成月有"阴晴圆缺"的现象了。

月光如流水一般，静静地泻在这一片叶子和花上。薄薄的青雾浮起在荷塘里。叶子和花仿佛在牛乳中洗过一样；又像笼着轻纱的梦。

——朱自清《荷塘月色》

·百科知识·

月球是地球唯一的天然卫星和离地球最近的天体，并且是太阳系中第五大卫星。月球是迄今为止唯一一个被人类登陆过的天体。

·你知道吗·

月食又被称为"月蚀"，是月球被地球挡住时形成的现象。月食发生时，太阳、地球和月球恰好或几乎在同一条直线上，因此月食必定发生在满月的晚上。

从地球上看到的月球，其亮度仅次于太阳。

月亮上真的有嫦娥吗?

小朋友听过"嫦娥奔月"的故事吗？相传，嫦娥偷吃了她丈夫后羿从西王母那儿讨来的不死之药后，飞到了月亮上的月宫。从此，她生活在那里。可是月亮上真的有嫦娥吗？

当然没有，这只是中国古

代的一个美丽传说。不过，现在随着科技的发展，人们研制出了登月飞船，并成功地登上了月球。

宇航员发现，月球的表面很粗糙，那里其实只有一些光秃秃的环形山和坑坑洼洼的陨石坑，既没有动物，也没有花草树木，就连空气和水都没有，是一个荒凉的不毛之地。

中国古代有很多关于月亮的传说，除"嫦娥奔月"外，还有"天狗食月""吴刚伐桂"等。"吴刚伐桂"讲的是一个叫吴刚的人，醉心于仙道而不专心学习，被贬到月亮上砍桂树的故事。

太阳是距离地球最近的恒星,是太阳系的中心天体。

为什么早晨和傍晚的时候太阳又大又圆?

kàn guo rì chū hé rì luò de rén dōu zhī dào
看过日出和日落的人,都知道
nà shí de tài yáng shì yòu dà yòu yuán de shí jì shàng
那时的太阳是又大又圆的。实际上,
tài yáng de dà xiǎo bìng wú biàn huà shì rén de shì jué
太阳的大小并无变化,是人的视觉
xiào guǒ fā shēng le biàn huà mù biāo yǔ bèi jǐng duì bǐ
效果发生了变化。目标与背景对比
dù bù tóng tóng yàng yě huì yǒu suǒ bù tóng
度不同,同样也会有所不同。

早晨，太阳初升，背景较暗淡，再加上早晨的太阳是红色的，人们又以地物为参照物，因此早晨的太阳看起来又大又圆。

傍晚的太阳显得又大又圆也是同样的道理。但相对于早上的太阳，傍晚的太阳要显得扁些，这则是光的折射造成的。

人类很早就以阳光晒干物件作为保存食物的方法，如制盐和晒咸鱼等。而现在的新型能源太阳能，即阳光的辐射能量，人们利用它发电，并制作出了太阳能电池、集热器等。

· 百科知识 ·

太阳系质量的99.87%都集中在太阳上。太阳系中的八大行星、小行星、流星、彗星，以及星际尘埃等，都围绕着太阳运行。

· 你知道吗 ·

在宇宙中，太阳是一颗非常普通的恒星，它的亮度、大小和物质密度都处于中等水平。只是因为它离地球较近，所以看上去是天空中最大、最亮的天体。

云主要有三种形态：一大团的积云、一大片的层云和纤维状的卷云。

为什么云有各种各样的形状？

tiān kōng zhōng piāo fú de duǒ duǒ bái yún　shí ér xiàng fān gǔn de bō làng　shí ér
天空中飘浮的朵朵白云，时而像翻滚的波浪，时而

xiàng chéng qún de mián yáng　shí ér xiàng chén shuì de shī zi　zhēn shì qiān zī bǎi tài
像成群的绵羊，时而像沉睡的狮子……真是千姿百态、

biàn huàn wú qióng　nǐ zhī dào wèi shén me yún yǒu
变幻无穷。你知道为什么云有

zhè me duō de xíng zhuàng ma
这么多的形状吗？

yuán lái　yún shì yóu bù tóng wēn dù de
原来，云是由不同温度的

qì tuán xiāng yù xíng chéng de　rú guǒ yī piàn rè
气团相遇形成的。如果一片热

qì tuán yán zhe yī piàn lěng qì tuán wǎngshàng pá jiù
气团沿着一片冷气团往上爬，就

huì xíngchéngcéng yún dāngkōng qì zhōng de shuǐ qì yù
会形成层云。当空气中的水汽遇

lěng biànchéngbīng jīng bīng jīng luò xià shí yòu bèi
冷变成冰晶，冰晶落下时，又被

qì liú chuī sàn jiù huì xíngchéngjuǎn yún
气流吹散，就会形成卷云。

rú guǒ dà miàn jī de nuǎnkōng qì cóng dì miàn
如果大面积的暖空气从地面

shēng qǐ zài kōngzhōng hé dà piàn de lěngkōng qì zhí
升起，在空中和大片的冷空气直

jiē xiāngzhuàng jiù huì xíngchéng jī yún suǒ yǐ
接相撞，就会形成积云。所以，

yóu yú fēng de yí dòng zài jiā shàng rén men de xiǎng
由于风的移动，再加上人们的想

xiàng yún jiù chéng le shén qí
象，云就成了神奇

de mó shù shī
的"魔术师"。

云的颜色跟它的厚薄有关。很厚的层状云或积雨云，太阳和月亮的光很难透射，就很黑；稍薄点的层状云和波状云，看起来是灰色的；很薄的云，光线易透过，就显得明亮。

· 百科知识 ·

看云可以识天气，如果天上出现的是薄云，那往往是晴天的征兆。如果天上出现的是那些低而厚密的云层，那就是阴雨风雪的征兆。

· 阅读延伸 ·

故乡的云十分美丽。有时薄得像一层纱，有时厚得像一床被；有时分散成一块一块的，有时聚集成一座座小山。我最爱故乡的云。

地球是太阳系八大行星之一,介于金星与火星之间。

地球真的是圆的吗?

nián dào nián yuè pú tao yá háng hǎi tàn xiǎn jiā mài zhé lún shuài
1519 年到 1522 年 9 月,葡萄牙航海探险家麦哲伦率

lǐng de tàn xiǎn chuán duì chénggōng wán chéng le huán qiú háng xíng bìng zhèng
领的探险船队成功完成了环球航行,并证

míng le dì qiú shì yuán de dàn shí jì shàng dì qiú shì yī gè
明了地球是圆的。但实际上,地球是一个

liǎng jí lüè biǎn de tuǒ yuán tǐ
两极略扁的椭圆体。

dì qiú zài zì zhuàn guò chéng zhōng shòu lí xīn lì
地球在自转过程中受离心力

de zuò yòng měi yī bù fen dōu yǒu lí kāi dì zhóu
的作用,每一部分都有离开地轴

xiàng wài yùn dòng de qū shì　chì dào dì qū de wù zhì xiàng yuǎn lí dì zhóu fāng xiàng de
向外运动的趋势。赤道地区的物质向远离地轴方向的

yí dòng sù dù zuì kuài　tóng shí dài dòng zhōu wéi de wù zhì xiàng chì dào fāng xiàng yùn dòng
移动速度最快，同时带动周围的物质向赤道方向运动，

yuè jiē jìn liǎng jí dì qū　zhè zhǒng lì liàng chā bié suǒ xíng chéng de wù zhì yùn dòng jiù yuè
越接近两极地区，这种力量差别所形成的物质运动就越

míng xiǎn
明显。

　　zhè xiē bù píng héng de wù zhì yí dòng shǐ chì
　　这些不平衡的物质移动使赤

dào dì qū gǔ le qǐ lái　liǎng jí dì qū biǎn píng
道地区鼓了起来，两极地区扁平

xià qù　suǒ yǐ shuō dì qiú shì yī gè liǎng jí shāo
下去，所以说地球是一个两极稍

biǎn　chì dào lüè gǔ de bù guī zé tuǒ yuán tǐ
扁、赤道略鼓的不规则椭圆体。

从太空看地球，会发现它是个美丽的蓝色星球，因为海洋占地球总面积约71%。由于风化作用，在地球上并不会看到类似月球和水星表面的陨石坑的构造。

山是自然形成并高出地面的一块高地,许多座山连在一起便形成了山脉。

地球上为什么有那么多的山?

我们生活的这个地球上,有很多风景秀丽的天然高山,如我国的泰山、黄山、庐山等。你知道为什么地球上会有那么多的山吗?

地质学家认为,形成山的主要原因是地壳的挤压。一般有两种挤压:一种是由于地

球自转速度的变化而造成的东西方向的水平挤压；另一种是由于在不同纬度上，地球自转的线速度不同，而造成的地壳向赤道方向的挤压。

这两种挤压再加上地壳受力不均所造成的扭曲，就形成了各种走向的山脉了。

中国是一个多山的国家，山脉多成东西和东北—西南走向，主要的山脉有喜马拉雅山山脉、阿尔泰山山脉、天山山脉和昆仑山山脉等。

问：你知道中国佛教四大名山吗？

答：佛教四大名山是安徽九华山、山西五台山、四川峨眉山和浙江普陀山。

地震会使地球表面发生震动，有时甚至会发生地面移动。

地震是怎么形成的？

科学家们用精确的仪器观测发现：地球上每天发生地震约1万多次，每年发生约500万次。这是多么惊人的数据啊！地震究竟是怎么形成的呢？

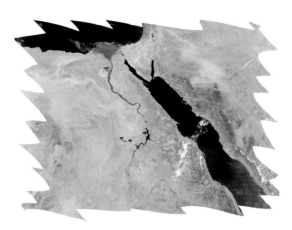

由于地壳运动或地球表

面的压力过大，从而引起地壳变形、断裂，这是产生地震的直接原因。一般破坏性较大的地震都是地下岩层突然断裂所引起的。

这种地震的发生与木板断裂相似。当地壳受力超过它的极限时，岩层便会突然断裂或错位，使长期积累起来的能量急剧释放出来，并以地震波的形式向四周传播，使地面发生震动，形成地震。

地震是地球表层的快速震动。它像海啸、龙卷风、洪水一样，是地球上经常发生的一种自然灾害。在海底或滨海地区发生的强烈地震，能引起巨大的波浪，被称为"海啸"。

黄河是中国第二长河、世界第五大河。

为什么黄河的水是黄色的？

wǒ men píng shí suǒ jiàn dào de dà duō shù hé li de shuǐ dōu shì qīng chè tòu míng
我们平时所见到的大多数河里的水都是清澈透明

de kě wéi dú huáng hé de shuǐ bù tóng tā yī nián sì jì dōu shì huáng sè de zhè
的，可唯独黄河的水不同，它一年四季都是黄色的。这

zhǔ yào shì yīn wèi huáng hé shòu dào huáng tǔ gāo yuán
主要是因为黄河受到黄土高原

de yǐng xiǎng
的影响。

huáng tǔ gāo yuán zài huáng hé de zhōng yóu dì
黄土高原在黄河的中游地

qū tǔ zhì shū sōng hěn róng yì bèi qīn shí hé
区，土质疏松，很容易被侵蚀和

崩塌。而黄河的水主要来源于黄土高原上的降雨，这样，大量的黄土会随着雨水流入黄河，使黄河的含沙量增大，于是河水也就被"染"黄了。

现在，由于人口的迅速增长，人类无限制地开垦放牧，使森林毁灭、草原破坏，也加速了黄土高原水土流失的进程，同时也加大了黄河的含沙量。黄河成了世界上含沙量最大的河流，近几年，年均输沙量有3亿吨。

黄河全长大约5464千米，发源于青海省青藏高原的巴颜喀拉山脉北麓的卡日曲，流经青海、四川、甘肃、宁夏、内蒙古、山西、陕西、河南及山东9个省，最后流入渤海。

141

泡温泉对身体健康有益，
可以治疗皮肤病。

为什么会有温泉？

温泉是由地下自然涌出的泉水，其水是热的。人泡过温泉之后，会感到非常轻松、舒服。你可能要疑惑了，为什么会有温泉呢？

温泉的产生往往和火山爆发有关。火山爆发时，地壳内部的炽热岩浆会喷

chū dàn yě yǒu yī bù fen bù huì pēn chū dì
出，但也有一部分不会喷出地

miàn ér shì tíng liú zài jiē jìn dì biǎo de dì fang
面，而是停留在接近地表的地方。

zhè yàng cán liú zài dì biǎo de yán jiāng
这样，残留在地表的岩浆

huì bǎ zì shēn rè liàng màn màn de sàn dào dì céng
会把自身热量慢慢地散到地层

li shǐ zhōu wéi de dì xià shuǐ biàn chéng rè shuǐ
里，使周围的地下水变成热水。

ér zhè xiē rè shuǐ yòu huì yán zhe duàn céng huò liè
而这些热水又会沿着断层或裂

xì shàng shēng dào dì miàn zhè jiù xíng chéng le wēn quán
隙上升到地面，这就形成了温泉。

suǒ yǐ zài yǒu guo huǒ shān huó dòng de dì qū hěn
所以，在有过火山活动的地区，很

yǒu kě néng chū xiàn wēn quán
有可能出现温泉。

中国已知的温泉有 2400 多处。云南省是发现温泉最多的省，共有温泉 1400 多处。而腾冲的温泉最著名，数量多、水温适宜，且富含硫质。

·百科知识·

冰岛又被称为"冰火之国"，是世界上温泉最多的国家。全岛约有 250 个碱性温泉，其中最大的温泉每秒可产生 200 升泉水。

·你知道吗·

夏天泡温泉有解暑降温的功效。因为人浸泡在温泉里，毛孔会很快张开，体内的热量就能释放出来，可以消除身体的闷热。

湖泊按湖水含盐量的高低可分为咸水湖和淡水湖。

湖泊是如何形成的？

zài wǒ men jū zhù de zhè ge lán sè xīng qiú　　　dì qiú shang yǒu hěn duō dà
在我们居住的这个蓝色星球——地球上，有很多大

xiǎo bù yī de hú pō　　zhè xiē hú pō jiù xiàng yī kē kē jīng yíng de lán bǎo shí xiāng
小不一的湖泊。这些湖泊就像一颗颗晶莹的蓝宝石镶

qiàn zài lù dì de biǎo miàn　　bǎ dì qiú diǎn zhuì de xuàn lì duō cǎi　　kě nǐ zhī dào hú
嵌在陆地的表面，把地球点缀得绚丽多彩。可你知道湖

pō shì rú hé xíng chéng de ma
泊是如何形成的吗？

hú pō xíng chéng de yuán yīn
湖泊形成的原因

yǒu hěn duō　　wǒ guó zhù míng de
有很多。我国著名的

hángzhōu xī hú yuán shì hǎi yáng de yī bù fen
杭州西湖，原是海洋的一部分，
hòu lái yīn wèi ní shā zài hǎi bīn duī jī shǐ
后来因为泥沙在海滨堆积，使
dà piàn shuǐ yù zhú jiàn yǔ hǎi yáng gé jué jiù
大片水域逐渐与海洋隔绝，就
xíngchéng le jīn tiān de xī hú
形成了今天的西湖。

yǒu de hú pō shì yóu huǒ shān pēn chū de
有的湖泊是由火山喷出的
yán jiāng suì shí dǔ sè hé dào xíngchéng de rú
岩浆、碎石堵塞河道形成的，如
jìng pō hú hái yǒu de hú pō shì yóu yú ní
镜泊湖。还有的湖泊是由于泥
shā yū jī jiāng yī kuài jù dà de wā dì fēn
沙淤积，将一块巨大的洼地分
gē chéng xǔ duō xiǎo hú rú chángjiāngzhōng yóu píng
割成许多小湖，如长江中游平
yuán de hú pō qún
原的湖泊群。

济南市的大明湖，是由城内众多泉水汇流而成的天然湖泊。早在唐宋时期，大明湖就被人们誉为"天下第一湖"。"四面荷花三面柳，一城山色半城湖"是大明湖风景的最好写照。

冰川一般存在于极寒地区，是地球上最大的淡水资源。

冰川是怎么形成的？

通过南极或北极探险人员拍摄的照片，我们可以看到大片大片白茫茫的冰川。可奇怪的是，为什么那些地方会有冰川？冰川究竟是如何形成的呢？

其实，冰川是水存在的一种形式，是雪经过一系列变化转变

而来的。在南极、北极和一些高山地区，由于气温很低，使积雪越来越厚，并越压越紧。白天被融化的雪，到了晚上就又被冻成了冰晶。

冰晶和雪花一起，被压得严严实实，又变成了蔚蓝透明的冰，这就是"冰川冰"。等到冰川冰积累到一定的厚度，它就会慢慢移动，成为冰川了。

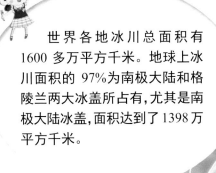

世界各地冰川总面积有1600多万平方千米。地球上冰川面积的97%为南极大陆和格陵兰两大冰盖所占有，尤其是南极大陆冰盖，面积达到了1398万平方千米。

河流一般是以高山地区为源头、湖泊或海洋为终点。

河流为什么是蜿蜒曲折的？

你有没有注意过，河流都是蜿蜒曲折地向前流淌的？怎么会出现这种情况呢？小朋友，让我们一起来了解一下吧！

河水在两岸流动的速度不同，一边快，另一边慢。流得快的一边，河岸受到的冲击力

大，泥土也较易被冲塌，河岸便会呈现出"凹"状。而流得慢的一边，河岸受到的冲击力小，不易发生变化。所以，河岸便会有凹、有凸。

水流冲向凹岸，凹岸这边的水流速度较快，而凸岸这边的水流速度较慢，河流带来的碎石和泥土慢慢沉积，凹岸会愈来愈凹，而凸岸则会愈来愈凸。最后，河流便呈现出弯弯曲曲的形状了。

中国的河流分为外流河和内流河。注入海洋的外流河，流域面积约占全国陆地总面积的64%。流入内陆湖或消失于沙漠、盐滩中的内流河，流域面积约占全国陆地总面积的36%。

149

沙漠是指沙质荒漠景观，有"荒沙"之称。

沙漠是如何形成的？

沙漠中气候干燥，植物少，一眼望去，除了连绵起伏的沙丘外，什么都没有。那沙漠是怎么形成的呢？

风吹走了泥土后，使大地裸露出岩石外壳，或者仅仅剩下砾石，这样就形成了荒凉的戈壁。风不断在戈

壁吹着，一些沙砾和小块砾石被带走，在移动中不断磨损；同时，风也有风化岩石的作用，使沙砾不断风化，最后成为细沙。

当风力减缓或遇到障碍时，这些沙子就堆积起来，日久天长就形成了沙漠。而戈壁就是沙漠的补给基地。此外，河滩、湖岸、海边等地表裸露、沙砾堆积的地方，一旦河流改道、湖海干涸，也会给沙漠的形成提供条件。

沙漠地域大多是沙滩或沙丘，其泥土很稀薄，植物也很少。有些沙漠是盐滩，完全没有草木。不过，沙漠里有时会有珍贵的矿床，还可以找到很多文物和古老的化石。

瀑布，又称跌水，可以分为垂帘型瀑布和细长型瀑布。

为什么会出现瀑布？

瀑布是一种极为壮丽的自然景观，你知道它是怎样形成的吗？其实，形成瀑布的原因有很多。

瀑布一般是河水在流经断层、凹陷等地区时垂直跌落形成的。除此之外，还有因山崩、熔岩堵塞、冰川等作用形

chéng de pù bù
成的瀑布。

lì rú　ní yà jiā lā pù bù shì ní yà jiā lā hé diē rù hé gǔ duàn céng de
例如，尼亚加拉瀑布是尼亚加拉河跌入河谷断层的

chǎn wù　　hé shuǐ cóng yī lì hú liú chū
产物。河水从伊利湖流出，

liú jīng duàn céng　tū rán diē luò　　mǐ
流经断层，突然跌落50米，

jù dà de shuǐ liú　yǐ qīng dào zhī shì chōng xià
巨大的水流以倾倒之势冲下

duàn yá　biàn xíng chéng le pù bù
断崖，便形成了瀑布。

中国的黄果树大瀑布是世界上唯一可以从上、下、前、后、左、右六个方位观赏的瀑布，同时也是世界上有水帘洞自然贯通，且能从洞内外听、观、摸的瀑布。

xíng chéng pù bù de lìng yī zhǒng yuán yīn
形成瀑布的另一种原因

shì dì dǐ xia róng yán de shàng shēng　suí zhe shí jiān de tuī yí　róng yán màn
是地底下熔岩的上升。随着时间的推移，熔岩慢

màn de yìng huà　jiù zài hé dào zhōng xíng chéng le yī dǔ qiáng　hé liú cóng zhè
慢地硬化，就在河道中形成了一堵墙。河流从这

dǔ qiáng shang liú xià lái　biàn yǒu le pù bù zhè yī qí guān
堵墙上流下来，便有了瀑布这一奇观。

・百科知识・

世界上最著名的三大瀑布：美国与加拿大之间的尼亚加拉瀑布、非洲赞比西河上的维多利亚瀑布和阿根廷与巴西之间的伊瓜苏瀑布。

・你知道吗・

位于委内瑞拉玻利瓦尔州圭亚那高原上的安赫尔瀑布，又叫"天使瀑布"。瀑布落差979米，底宽150米，是世界上最高的瀑布。

海洋底部高低起伏的地形，复杂程度不亚于陆地。

海水尝起来为什么是咸的？

_{xiǎo péng yǒu　　nǐ qù hǎi biān yóu wán shí　　shì fǒu yǒu guo bù xiǎo xīn hē dào hǎi}
小朋友，你去海边游玩时，是否有过不小心喝到海

_{shuǐ de jīng lì ne　　rú guǒ yǒu　　nà nǐ shì fǒu fā xiàn　hǎi shuǐ cháng qǐ lái shì xián}
水的经历呢？如果有，那你是否发现，海水尝起来是咸

_{de　méi cuò　　hǎi shuǐ què shí shì xián de}
的？没错，海水确实是咸的。

_{hǎi shuǐ zhōng de yán lái zì lù dì shang de}
海水中的盐来自陆地上的

_{yán shí hé tǔ rǎng　　zài　　yì nián qián　　nà}
岩石和土壤。在46亿年前，那

_{shí dì qiú gāng dàn shēng　hǎi shuǐ shì dàn de　　dàn}
时地球刚诞生，海水是淡的，但

是，陆地上的岩石和土壤中却含有许许多多的盐。后来地壳经历了剧烈运动，火山喷发，形成大量的水蒸气，于是出现了连续降雨。盐在水里会溶化，溶解在水里的盐被雨水带进河里，然后跟着河水慢慢地汇集到了海里。这样，海水就变得有咸味了。

据科学家研究，海水中有3.5%左右的盐，其中大部分是氯化钠，还有少量的氯化镁、硫酸钾和碳酸钙等。

洋，是海洋的中心部分，是海洋的主体；海，在洋的边缘，是大洋的附属部分。世界大洋的总面积约占海洋面积的89%。世界共有四大洋，即太平洋、印度洋、大西洋和北冰洋。

不同的地区，其季节
划分也不相同。

为什么会有**季节**的变化？

yī nián yǒu sì jì chūn jì xià
一年有四季：春季、夏

jì qiū jì hé dōng jì kě wèi shén me
季、秋季和冬季。可为什么

huì yǒu jì jié biàn huà ne
会有季节变化呢？

zhè gēn dì qiú de gōngzhuàn yǒu guān
这跟地球的公转有关。

dì qiú wéi rào tài yángzhuàndòng shí shì qīng xié
地球围绕太阳转动时是倾斜

de yīn cǐ tài yáng de zhí shè diǎn zǒng shì
的，因此太阳的直射点总是

在地球的南、北回归线之间来回移动。

当太阳直射在北回归线时，北半球获得的阳光和热量较多，处于夏季，南半球则处于冬季；当太阳直射赤道时，南、北半球获得的阳光和热量相等，分别处于秋季或春季；当太阳直射南回归线时，北半球获得的光照少，处于冬季，而南半球处于夏季。

中国人认为四季有不同的特性，分别是"春生""夏长""秋收"和"冬藏"。即万物在春天出生、在夏天成长、在秋天收获和在冬天贮藏。

· 你知道吗 ·

中国古代多以立春、立夏、立秋和立冬为四季的开始；欧洲和北美洲的很多国家则以春分、夏至、秋分和冬至作为四季的初日；而热带草原没有四季，只有雨季和旱季。

· 阅读延伸 ·

问：四季怎么划分？
答：现在通用以天文季节与气候季节相结合来划分四季，即3、4、5月为春季，6、7、8月为夏季，9、10、11月为秋季，12、1、2月为冬季。

157

有人认为晚上的风比白天大，这是一种错觉，因为晚上比白天寂静，所以听起来风的声音好像比白天大很多。

为什么白天的风比晚上的风大？

在一天当中，白天的风一般都比晚上的要大。这是为什么呢？

这是因为白天在太阳的照射下，地面因受热不均匀，使贴近地面的空气温度也有高低的差别，这样就发生了空气的上下对流，上空流动

▶ **158**

·百科知识·

风从气压高的地方吹向气压低的地方。两地气压差越大，风速也越大。在日常天气预报里，常用风级来表示风速。风级从 0 级~12 级，共有 13 个等级。

你知道吗·

在晴天里，山坡上常刮从谷中上坡的风，叫谷风；夜间则从山上下坡的风叫山风，它们合称为山谷风。白天谷底上空是下沉气流，因而天气晴朗，阳光普照。

得较快的空气下降到地面，就会促使地面风速加大。而到了晚上，地面渐渐冷却，造成气温随高度升高的现象。于是，近地面空气形成稳定的结构，阻碍了空气的上下对流，使近地面空气中缺乏风速较大的上空气流掺进来，所以，风也就小了起来。

我们虽然不能直接看见风，但通过芦苇等随风弯腰的形态，可以感受到风的存在和风力的大小。自然界中的风，有时会给人们带来灾害，但也可以利用风能来发电，给人类造福。

159

露是小水滴，由于它经常凝结成珠状，所以也被称为"露珠"。

你知道露水是怎么回事吗？

qiū tiān de zǎo chen zǒu zài hù wài　zài yī xiē xiǎo cǎo huò zhě bié de zhí wù de
秋天的早晨走在户外，在一些小草或者别的植物的

yè zi shang　wǒ men huì kàn dào hěn duō jīng yíng tī tòu de xiǎo shuǐ zhū　zhè xiē xiǎo shuǐ
叶子上，我们会看到很多晶莹剔透的小水珠，这些小水

zhū zài yángguāng de zhào yào xià　wēi wēi de shǎn dòng
珠在阳光的照耀下，微微地闪动

zhe　shí fēn kě ài　nǐ zhī dào nà xiē xiǎo
着，十分可爱。你知道那些小

shuǐ zhū shì shén me ma　nà jiù shì lù shuǐ
水珠是什么吗？那就是露水。

tiān qì qíng lǎng de yè wǎn　xiàng huā
天气晴朗的夜晚，像花

一般当温度下降到 0 ℃以下时，露水会冻结成冰珠，称为"冻露"。而白天日出之后，由于温度升高，地面上的露水会慢慢蒸发，逐渐消失。

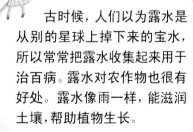

· 阅读延伸 ·

美国设计师借鉴清晨露水的反光特征设计出了一款新颖独特的露水灯。这种灯可把白天吸收的太阳能转化为光能，用于夜间照明。

cǎo shí tou jīn shǔ děng wù tǐ yīn fú shè lěng què
草、石头、金属等物体因辐射冷却

zuò yòng yì xiàng kōng zhōng fàng chū rè liàng shǐ zì shēn
作用，易向空中放出热量，使自身

de wēn dù bǐ zhōu wéi kōng qì de wēn dù dī tóng
的温度比周围空气的温度低。同

shí yóu yú zhè xiē wù tǐ de jiàng wēn zhōu wéi de
时，由于这些物体的降温，周围的

kōng qì yě suí zhī lěng què dāng kōng qì de wēn dù
空气也随之冷却。当空气的温度

jiàng zhì lù diǎn kōng qì zhōng suǒ hán de shuǐ qì biàn
降至露点，空气中所含的水汽便

huì zài bīng lěng de wù tǐ biǎo miàn jié chéng lù shuǐ
会在冰冷的物体表面结成露水。

yī bān shuō lái sàn rè yuè kuài de wù tǐ
一般说来，散热越快的物体

yuè róng yì jié lù ér huā cǎo zhī lèi yóu yú běn shēn jiù dài
越容易结露，而花草之类由于本身就带

yǒu shuǐ qì suǒ yǐ biǎo miàn gèng róng yì xíng chéng lù shuǐ
有水汽，所以表面更容易形成露水。

古时候，人们以为露水是从别的星球上掉下来的宝水，所以常常把露水收集起来用于治百病。露水对农作物也很有好处。露水像雨一样，能滋润土壤，帮助植物生长。

雾天是对人们日常生活影响最大的天气之一。

冬天的早晨为什么多雾？

dōng tiān de zǎo chen　wǒ men zǒu chū mén　cháng huì kàn dào zhōu wéi lǒng zhào zhe máng
冬天的早晨，我们走出门，常会看到周围笼罩着茫

máng dà wù　hěn nán kàn qīng qián fāng de lù　wèi shén me dōng tiān de zǎo chen duō wù
茫大雾，很难看清前方的路。为什么冬天的早晨多雾？

wù de xíng chéng yǒu sān gè tiáo jiàn　kōng qì zhōng yǒu hěn duō chén āi zuò níng jié
雾的形成有三个条件：空气中有很多尘埃做凝结

hé　yǒu chōng zú de shuǐ qì　kōng qì biàn lěng
核，有充足的水汽，空气变冷。

lù dì shang dōng jì chū xiàn wù de gài
陆地上冬季出现雾的概

lù dà　hán yè li　kào jìn dì miàn de kōng
率大。寒夜里，靠近地面的空

▶ 162

气在冷风的作用下，温度会降到露点以下，并聚集在地表上而形成雾。

河流、湖泊及树林等地区，因为白天受太阳照射度强，蒸发量大，空气比较潮湿，一到晚上，由于冷却作用，也很容易形成雾。

此外，海上的雾大多是由暖湿空气吹过冰冷的海面形成的，同样的情况也发生在内陆寒冷的湖面或雪地上。

美文美句：早晨，打开房门远望，什么也看不见，只见浓浓的大雾铺天盖地，好像是一条特大的乳白色被子将一切遮盖严实。此时的世界又好像都不存在，到处都是白茫茫一片。

163

古代诗人常有描写秋天的诗词。如王维《山居秋暝》中的"空山新雨后,天气晚来秋"。

秋天的天气为什么会"秋高气爽"?

每到秋天,我们就会觉得天气变得很凉爽,这是为什么呢?

这一方面是因为,我国许多地区的雨季在夏季。经过雨季的洗礼后,大气中的尘埃杂质大为减少,大气的

透明度大大提高，于是天空显得明净，空气也变得清新了起来。另一方面，秋天的风是从大陆吹向大海的，它带走了水汽，没有形成云。

通过一些微粒的散射，使得天空显得更加蓝，更加高远。再加上干冷的空气让人觉得干爽。因此，秋天的天气让我们感到"秋高气爽"。

秋季，一股股冷空气从西伯利亚南下进入我国大部分地区。它和南方正逐渐减弱的暖湿空气相遇后，形成了雨。一次次冷空气南下的降雨，使气温不断降低，所以"一场秋雨一场寒"。

·百科知识·

云由许多很小的水滴和小冰晶紧紧结合在一起组成。这些物质非常轻，而不断上升的气流就像一只无形的大手，很容易就将它们托住，所以云不会掉落。

·你知道吗·

目前，全球已经形成一个由气象卫星、气象雷达、地面气象台站和高空气象站网、海上浮标等组成的全球天气监视网，时刻关注地球上的天气变化。

在冬季，很多地方都会降雪，有些地方的冰雪甚至要到春天才会融化。

下雪天为什么也会打雷？

下雨天打雷是很平常的事情，可在我国长江下游一带的人们却见过一种奇特的现象：在寒风劲吹、大雪纷飞的晚上，雷声大作，闪电划破夜空。为什么会产生这种现象呢？

原来，夜里从华北地区吹来的冷

空气使近地面的温度降到0℃左右，夜里就飘起了大雪。

从南方海面吹来的强劲的暖湿气流，途经长江中下游，恰与冷空气交汇，暖湿气流顺着冷空气峰面急剧向上抬升，出现了强烈的对流现象，产生了积雨云。于是，下雪天打雷这种罕见现象也就产生了。

·百科知识·

天上带正电荷的云跟带负电荷的云相碰撞，就会放电，同时产生很大的热量，周围的空气受热迅速膨胀并发出声音，这就是我们听到的雷声。

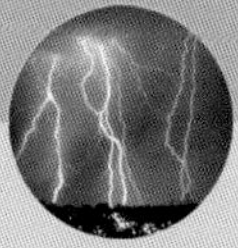

·你知道吗·

冬季在古时又被称为"三冬"，农历十月为孟冬，十一月为仲冬，十二月为季冬，将三个月份合称"三冬"。如唐诗中有："蛰龙三冬卧，老鹤万里心"。

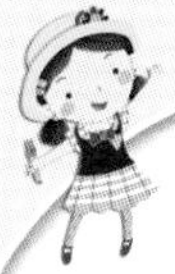

下雪就是一种固态降水。国际雪冰委员会于1949年把大气固态降水分为十种：雪片、星形雪花、柱状雪晶、针状雪晶、多枝状雪晶、轴状雪晶、不规则雪晶、霰、冰粒和雹。

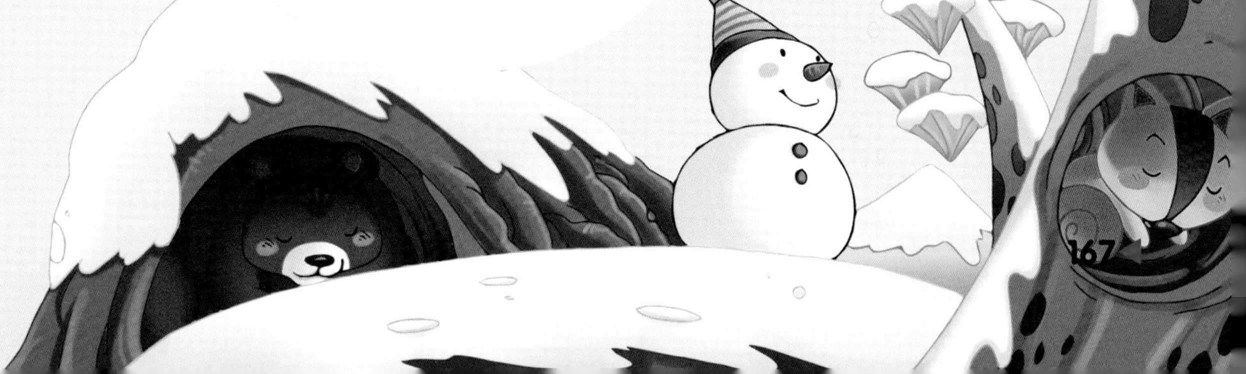

雨是补充地球上淡水资源的主要途径。

雨珠为什么看起来像一条直线？

下雨天时，细心的小朋友会发现，一颗颗雨珠从空中飞快地落下，我们眼前就会呈现一条条连续不断的"直线"。你知道这是为什么吗？

这种奇妙现象的产生与人的眼睛特性有关。当人的眼睛离开所看

dào de wù tǐ hòu　nà ge wù tǐ de yǐng xiàng bìng bù shì mǎ shàng xiāo shī de　ér shì
到的物体后，那个物体的影像并不是马上消失的，而是

huì zài yǎn jing de shì wǎng mó shang chí xù tíng liú
会在眼睛的视网膜上持续停留

yuē　miǎo　　miǎo de shí jiān　zhè zhǒng xiàn
约0.1秒~0.25秒的时间，这种现

xiàng jiù jiào zuò　shì jué zàn liú
象就叫作"视觉暂留"。

gēn jù zhè yī xiàn xiàng　dāng qián yī gè
根据这一现象，当前一个

yǔ zhū de shì xiàng zài rén yǎn li xiāo shī qián
雨珠的视像在人眼里消失前，

hòu miàn de yǔ zhū shì xiàng yǐ jīng jìn rù dào rén
后面的雨珠视像已经进入到人

yǎn li　jié guǒ yǔ zhū kàn qǐ lái jiù hǎo xiàng
眼里，结果雨珠看起来就好像

yī tiáo tiáo zhí xiàn le
一条条直线了。

人的眼睛有两种感光细胞：视杆细胞和视锥细胞。视杆细胞对光敏感，能在黑暗中合成视紫红质，从而让人看到黑暗中的东西；视锥细胞能感受七彩色，白天世界由它捕捉。

地球变暖使得南极和北极的一些冰川开始融化。

为什么地球会逐渐变暖？

dì qiú zhú jiàn biàn nuǎn　　yǒu kě néng zào chéng bīng chuān xiāo shī　　hǎi miàn shēng gāo hé
地球逐渐变暖，有可能造成冰川消失、海面升高和

hóng shuǐ fàn làn děng hòu guǒ　　gěi rén lèi dài lái jù dà de zāi nàn　　kě nǐ zhī dào wèi
洪水泛滥等后果，给人类带来巨大的灾难。可你知道为

shén me dì qiú huì biàn nuǎn ma
什么地球会变暖吗？

　　　　zhè shì yīn wèi　　rén lèi rì cháng shēng huó zhōng xiāo
这是因为，人类日常生活中消

hào　　rán shāo de dà liàng shí yóu　　méi tàn
耗、燃烧的大量石油、煤炭，

yǐ jí zhàn zhēng hé sēn lín huǒ zāi　　dōu huì shì
以及战争和森林火灾，都会释

fàng chū dà liàng de rè liàng hé èr yǎng huà tàn jí yǒu
放出大量的热量和二氧化碳及有
hài qì tǐ
害气体。

yángguāngnéng tòu guò dà qì céng shè xiàng dì qiú
阳光能透过大气层射向地球，
dì qiú huì xiàng dà qì céng wài fā chū cháng bō fú shè
地球会向大气层外发出长波辐射。
ér nà xiē èr yǎng huà tàn kě jiāng dà liàng de
而那些二氧化碳可将大量的
cháng bō fú shè xī shōu cóng ér jiǎn shǎo dì miàn rè
长波辐射吸收，从而减少地面热
liàng xiàng dà qì céng wài fú shè zēng jiā le dì biǎo
量向大气层外辐射，增加了地表
wēn dù zhè jiù rú tóng yī gè zhào zi yī yàng zǔ
温度。这就如同一个罩子一样，阻
dǎng le dì miànshang rè liàng de sàn fā dǎo zhì le quán qiú qì hòu biàn nuǎn
挡了地面上热量的散发，导致了全球气候变暖。
zhè zhǒng xiàn xiàng yě jiù shì wǒ men píng shí suǒ shuō de wēn shì xiào yìng
这种现象也就是我们平时所说的"温室效应"。

·你知道吗·

专家们表示，若地球持续
变暖而不加以控制，就有可能
在短短20年左右的时间内，使
得澳大利亚的世界文化遗产大
堡礁消失殆尽。

·阅读延伸·

我们只有一个地球，如果
它被破坏，我们别无去处。我
们要保护地球，保护地球的生
态环境，让地球更好地造福于
我们的子孙后代！

2000年后，各地的高温
纪录陆续被打破。如2003年
8月11日，瑞士格罗诺镇的气
温高达41.5℃，破139年来的
纪录。